教育部中等职业教育改革创新示范教材

计算机网络技术专业职业教育新课改教材

Windows Server 2008 服务器配置实训教程

主　　编　宁　蒙

副主编　陶　冶

参　　编　李　娜　王学芹　吴　迪

机械工业出版社

本书是经过出版社初评、申报，由教育部专家组评审、教材遴选工作领导小组审定确定的教育部首批“教育部中等职业教育改革创新示范教材”。

本书结合网络工程实际与工作过程，通过大量的实例操作和案例分析，全面系统地介绍Windows Server 2008中文版网络操作系统的常用功能及网络组件、活动目录、用户账户、文件系统等基本知识，并介绍如何配置包括WWW、FTP在内的Internet信息服务，以及如何配置DNS、DHCP等网络服务，分析Windows Server 2008的系统与安全管理的方法。

本书内容全面、案例联系实际、图文并茂，适合作为职业院校计算机相关专业课程的教材使用，也可作为广大网络管理与维护人员搭建、配置和管理网络服务器的指导用书。

本书配有授课用电子课件，可到机械工业出版社教材服务网 www.cmpedu.com 以教师身份免费注册下载，或联系编辑（88379194）索取。

图书在版编目（CIP）数据

Windows Server 2008 服务器配置实训教程/宁蒙主编. —北京：机械工业出版社，2011.3（2017.8 重印）

计算机网络技术专业职业教育新课改教程

ISBN 978-7-111-33461-3

Ⅰ.①W… Ⅱ.①宁… Ⅲ.①服务器—操作系统（软件），Windows Server 2008—教材 Ⅳ.①TP316.86

中国版本图书馆 CIP 数据核字（2011）第 024834 号

机械工业出版社（北京市百万庄大街22号 邮政编码100037）

策划编辑：梁 伟　　责任编辑：梁 伟

责任印制：孙 炜　　封面设计：鞠 杨

北京中兴印刷有限公司印刷

2017年8月第1版第5次印刷

184mm×260mm · 9.5 印张 · 228 千字

5 001—6 900 册

标准书号：ISBN 978-7-111-33461-3

定价：26.00 元

凡购本书，如有缺页、倒页、脱页，由本社发行部调换

电话服务	网络服务
服务咨询热线：010-88379833	机 工 官 网：www.cmpbook.com
读者购书热线：010-88379649	机 工 官 博：weibo.com/cmp1952
	教育服务网：www.cmpedu.com
封面无防伪标均为盗版	金 书 网：www.golden-book.com

前　言 Preface

本书是经过出版社初评、申报，由教育部专家组评审、教材遴选工作领导小组审定确定的教育部首批“教育部中等职业教育改革创新示范教材”。

随着我国企业信息化水平的不断提高，各企业都在努力地通过各种途径，采用各种方法，来组建自己的内部网络，实现现代化办公和信息化管理，或将内部网络与 Internet 实现互联。这需要众多既有计算机网络的理论基础，又掌握计算机网络实际应用技能的人才。本书正是为了满足培养此类人才需求而编写的。

网络操作系统是服务器的灵魂，美国微软公司推出的 Windows Server 2008 网络操作系统融合和创新了许多新的功能和应用，使网络操作系统的功能得到进一步的提升，而管理和使用却变得更简单易用。本书以培养网络实用型人才为指导思想，重点介绍了 Windows Server 2008 的管理与配置，注重对学生的实际应用技能和动手能力的培养。

本书注重理论与实际应用相结合，内容选取与工作实际结合，围绕培养学生的职业技能这条主线来设计教材的结构、内容和形式，合理安排基础知识和实践知识的比例。结构清晰，编排合理，详略得当，操作步骤分明，通俗易懂，具有很强的实用性。同时，紧密结合高新技术考试的网络管理模块的考核要求组织内容。编写时参考了国家中职学生技能大赛“园区网”比赛的相关考核要求。

全书共分为 8 章，主要内容包括：第 1 章 服务器与网络操作系统导学。主要介绍网络操作系统特别是 Windows Server 2008 基础知识；第 2 章 Windows Server 2008 安装与配置，主要介绍 Windows Server 2008 操作系统安装与基本配置；第 3 章 活动目录与用户管理，主要介绍域控制器配置以及用户、组管理；第 4 章 文件资源管理与共享管理，主要介绍磁盘管理、文件系统与共享资源管理；第 5 章 系统性能与安全管理，主要介绍系统管理、性能管理以及安全管理和灾难管理；第 6 章 DNS，DHCP 服务器配置与管理，主要介绍 DNS、DHCP 服务管理；第 7 章 Internet 信息服务的管理，主要介绍 IIS 7 服务管理；第 8 章 高级应用服务管理，主要介绍终端服务管理以及流媒体服务管理和 VPN 服务管理。

本书由宁蒙任主编，陶冶任副主编，参加编写的还有李娜、王学芹、吴迪。其中，宁蒙负责编写第 1、2、5 章，陶冶负责编写第 3、4 章，王学芹负责编写第 6 章，吴迪负责编写第 7 章，李娜负责编写第 8 章。

由于编者水平有限，书中不足之处在所难免，恳请广大读者提出宝贵意见。

编　者

目录 Contents

第 1 章
服务器与网络操作系统导学

对于网络来说，服务器是网络资源的提供者，而网络操作系统（NOS）则是网络的心脏和灵魂。网络操作系统安装在网络服务器上，管理网络资源并向网络计算机提供服务。作为一名网络管理技术人员，其岗位职业要求是应了解计算机网络操作系统及服务器使用与配置，并掌握相关的知识与技能。

本章主要介绍网络管理员职业应用的相关情况，掌握网络操作系统的定义、特点，了解常见的网络操作系统分类，重点掌握 Windows Server 2008 各个版本的特点和安装要求。

学习目标

知识要求：

了解网络管理员的定义和职业要求，同时掌握常见网络操作系统的定义、功能

岗位职业能力目标：

1）能区分几种常见的网络操作系统

2）熟悉 Windows Server 2008 各个版本与功能

3）掌握 Windows Server 2008 系统安装的基本要求

1.1 网络管理员职业应用

作为一名计算机网络技术人员，其职业岗位要求是：设计、建设、管理和维护计算机网络；熟练掌握多种网络技术与应用；提供计算机及网络技术咨询与支持；保障和支持企业信息安全。目前，我国国家职业资格针对本职业主要分三个等级。作为一名网络管理员，其职业要求是动手操作能力强，有实际建设和管理企、事业单位计算机网络的能力。熟悉计算机网络操作系统及服务器使用与配置的同时掌握组网、配置与应用，并负责网络服务器的运行、管理与维护，提供安全与数据存储、备份与恢复的相关服务。表 1-1 显示了在国家职业资格证书的岗位要求中，对网络管理员在计算机网络操作系统及服务器使用与配置方面的工作内容和技能与知识要求。

不难看出，对于网络管理员这一特定的职业，国家职业资格方面是有明确要求的，本书将依此要求，并根据社会需求，有针对性地按照国家职业资格（三级）水平要求介绍相关知识与技能。

表 1-1 网络操作系统管理相关岗位工作要求

职业功能	工作内容范围	岗位职业技能要求	专业知识要求	职业等级
计算机网络操作系统及服务器使用与配置	系统安装与配置	1. 能规划和安装 Windows Server 2008 2. 能搭建文件服务器 3. 能管理用户和组 4. 能配置和管理网络 5. 能管理磁盘 6. 能使用管理控制台 MMC 7. 能监控 Windows Server 2008 性能 8. 能配置与使用 DHCP 服务、Web 服务、FTP 服务、打印服务、传真服务及第三方服务软件	1. 规划和安装技术 2. 用户和组的规划 3. 磁盘规划 4. 文件和目录权限 5. IIS 基础 6. 基本服务 7. 系统恢复 8. 系统优化	四级
计算机网络操作系统及服务器使用与配置	系统管理与维护	1. 能正确配置与管理域及活动目录 2. 能配置与管理 DNS 服务 3. 能配置与管理邮件服务 4. 能配置与管理视频点播服务 5. 能配置与管理动态网站环境 6. 能管理 Windows 2008 服务器的安全策略 7. 能配置和管理终端服务与远程管理 8. 能配置和管理路由与远程访问服务	1. 活动目录基础 2. DNS 管理与服务 3. 域策略技术 4. Windows 2008 路由和访问技术 5. 网站技术 6. Windows 2008 应用服务技术	三级

1.2 了解服务器与常见网络操作系统

服务器的英文名称为“Server”，指的是网络环境下为客户机（Client）提供某种服务的专用计算机，即安装有网络操作系统和各种服务器应用系统软件的计算机。而这里的“客户机”则指安装有 DOS 或 Windows 9x/2000/XP/VISTA 等桌面操作系统的计算机，又称为“客户端”。一个完整的服务器系统由硬件和软件共同组成，软件和硬件相辅相成，其关系如图 1-1 所示。

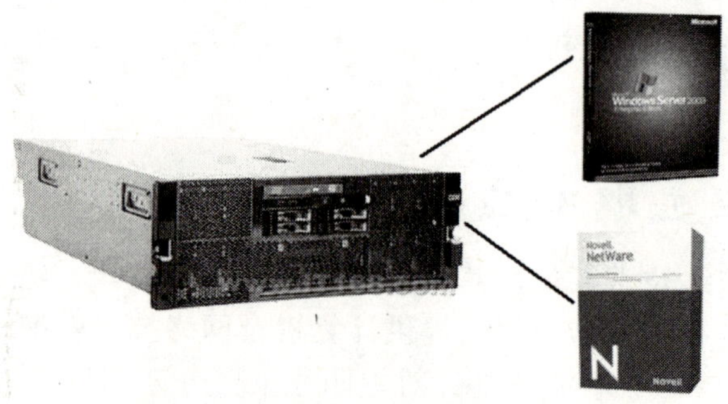

图 1-1 服务器与网络操作系统关系

作为一名网络管理员管理网络，其首要任务就是要和服务器打交道，而服务器的软件基础就是网络操作系统（NOS，Network Operating System）。网络操作系统是安装在服务器上用于网络管理的核心系统软件，是使网络上各计算机能方便而有效地共享网络资源，为网络用户提供所需的各种服务软件和有关规范的集合。网络操作系统的主要任务是对网络资源进行管理与配置，实现资源的共享和计算机间的通信与同步。相对于传统的单机操作系统，例如 DOS 和 Windows XP 等，网络操作系统是以使网络相关特性达到最佳为目的，如共享数据文件、软件应用以及共享硬盘、打印机、调制解调器、扫描仪和传真机等。网络操作系统除了具有单机操作系统的全部功能以外，还具有一些特殊的功能。在网络操作系统上安装或配置相应的服务程序，服务器就可以成为对应的特定网络应用服务器，如Web 服务器、FTP 服务器、邮件服务器、流媒体服务器。

1.2.1 网络操作系统的功能与基础

如何为服务器选择一个合适的网络系统，首先就要了解网络操作系统应该具备哪些功能和特点，尽管大部分网络系统功能是一致的，但是具体到细节特别是每个版本网络操作系统提供的服务还是有一定的差异。下面，先了解一下网络操作系统的功能和特点。

1．网络操作系统的组成与功能特点

从逻辑上看，网络操作系统软件由三个层次组成：主要是由位于底层的网络设备驱动程序；位于中间层的网络通信协议；位于高层的网络应用服务软件组成，它们相互之间是一种高层调用低层，低层为高层提供服务的关系。不同的网络操作系统可能在具体功能上各有侧重点，这也是今后评价和部署网络操作系统的依据。网络操作系统的特点主要有：

（1）支持多用户子系统协同工作　支持多种网络设置，能够方便地完成网络的管理。

（2）系统无关性　网络操作系统应能支持多种网络拓扑结构、协议和各类型的网络接口设备，同时也可以支持各种客户端操作系统能以透明的方式访问服务器上的文件系统。

（3）提供容错性和数据恢复功能　当网络服务器某些设备出错或出现故障后，不影响整个网络操作系统继续为用户提供服务，同时支持数据备份与恢复，可以在最短时间内恢复系统。包括日志式的容错列表、可恢复文件系统、磁盘镜像、磁盘扇区备用以及对不间断电源（UPS）的支持。

（4）支持不同体系结构的网络互连　网络操作系统支持通过路由、网桥、交换器、中继器等网络设备与其他同构或异构网络实现互连操作。

（5）提供方便的目录技术　系统应通过信任关系或全局命名服务模式，为用户提供安全、方便的目录服务功能，确保用户能够访问所需的网络资源。

（6）安全与访问控制　可以通过对用户账号的管理、用户权限分配等，提供对使用网络资源的控制和管理。能够进行系统安全性保护和各类用户的存取权限控制。

（7）提供必要的网络系统管理功能　网络管理包括网络性能控制、质量保障、系统备份、流量监测、安全管理、系统日志等。

（8）支持多种网络服务　除了提供必要的文件、打印服务，还应允许在系统基础上通过自带或附加软件来提供 Web、FTP、电子邮件、远程登录、终端、流媒体、远程访问等服务功能。

2．网络操作系统的分类

目前市面上的网络操作系统有很多产品，例如：早期的 NetWare 网络操作系统，目前中小型网络常用微软 Windows 网络操作系统，以及 UNIX、Linux 类系统等，其版本包装标志如图 1-2 所示。目前的网络操作系统主要支持客户机/服务器模式。作为网络管理员，应该了解每种网络操作系统的应用场合、特点和安装要求，针对不同的服务场合选择安装合适的网络操作系统。

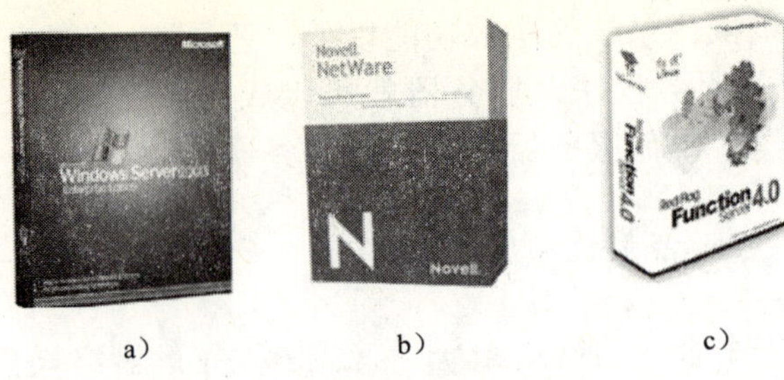

a） b） c）

图 1-2 常见网络操作系统标志

a）微软 Windows 网络操作系统 b）NetWare 网络操作系统 c）红旗 Linux 网络操作系统

3. 选择网络操作系统的依据

选择合适的网络操作系统应该考虑网络的需求，特别是要考虑具体服务器的服务对象以及硬件配置，同时还要考虑到管理员的管理水平和习惯。主要的选择依据有：

（1）系统兼容性 考虑到服务器硬件系统的差异，网络操作系统兼容性一定要好。

（2）易于配置和维护 应提供良好的管理界面，帮助管理员迅速发现和解决网络故障。

（3）可扩充性 考虑到网络规模的扩充，对服务器的要求也需要升级，对多处理器的支持和内存容量以及存储设备的支持是很必要的。

（4）可支持的并发用户数量 网络操作系统应能同时承载多个用户的访问需求。

（5）能提供的服务和配套软件支持 系统自带和支持的网络服务功能及对第三方服务的支持也是必要的。

按照职业资格岗位要求，作为网络管理员，应该了解常见网络操作系统的应用场合，特点和安装要求，针对不同的场合安装合适的网络操作系统。事实上，一些小型的网络由于服务功能少，网络压力也小，对服务器来说硬件配置要求并不高，一般可以购买工作组级服务器，对应的网络操作系统就可选择 Windows 系列的网络操作系统。而一些大型网络，服务器比较多并且网络服务功能也多，推荐安装 UNIX 和 Linux 网络操作系统。

1.2.2 NetWare 网络操作系统

NetWare 是美国 Novell 公司推出的网络操作系统。1983 年，NetWare 局域网操作系统正式推出，该系统是一种基于模块设计思想的开放式网络服务器平台，并可方便地对其进行扩充。NetWare 系统对不同的工作平台（如 DOS、OS/2、Macintosh 等），不同的网络协议环境，如 TCP/IP 以及各种工作站操作系统提供了一致的服务。NetWare 是具有多任务、多用户的网络操作系统，由于使用开放协议技术（OPT），使不同类型的工作站可与服务器通信。这种技术满足了广大用户在不同种类网络间实现互相通信的需要，实现了各种不同网络的无缝通信，即把各种网络协议紧密地连接起来，可以方便地与各种小型机、中大型机连接通信。

NetWare 的主要版本有 V3.11、V3.12 和 V4.10、V4.11、V5.0、V6.5 等中英文版本，支持大多数的台式操作系统（DOS、Windows、OS/2，UNIX 和 Linux）以及 IBM SAA 环境。其中，NetWare 6.5 版本解决方案包含：Apache 2.0.45、MySQL 4.0.21、Perl 5.8、PHP 4.2.3 等，完全可以实现各种网络信息服务。

知识补充

NetWare 操作系统市场份额目前占有率呈下降趋势，这部分的市场主要被 Windows Server 2003/2008 和 Linux 系统瓜分了。即便这样，传统的 NetWare 依旧在一些证券公司广泛使用。只是在一些办公网络中已经不多见了。目前 Novell 公司已经开始开发支持 Linux 平台的 NetWare 系统。

1.2.3 Windows 网络操作系统

微软公司的 Windows 系统不仅在个人桌面操作系统市场中占有绝对优势，它在网络操作系统市场中也是具有非常强劲的竞争力。在局域网中，微软推出的网络操作系统产品主要有：Windows NT 4.0 Server、Windows 2000 Server、Windows Server 2003 系列以及 Windows Server 2008 等，如图 1-3 所示。

早期，微软公司开发第一代的 Windows 网络操作系统是 Windows NT 3.1。Windows NT 是纯 32 位操作系统，采用 NT（即 New Technology 新技术的缩写）核心技术。1996 年 4 月发布的 Windows NT 4.0 是 NT 系列的一个里程碑，该系统面向工作站、网络服务器和大型计算机，它与通信服务紧密集成，提供文件和打印服务，能运行客户机/服务器应用程序，内置了 Internet/Intranet 功能。

Windows 2000（简称 Win2K），是 Windows NT 系列的 32 位视窗操作系统。起初称为 Windows NT 5.0，由 4 个不同产品组成。Windows 2000 服务器版本在 2003 年 4 月被 Windows Server 2003 所取代。Windows Server 2003 提供了用以支撑关键任务的功能和特性，如高安全性、高可靠性、高可用性和高可扩展性。

a）

b）

c）

图 1-3　微软 Windows 网络操作系统系列

a）Windows NT　b）Windows 2000 Server　c）Windows Server 2003

Windows Server 2008 是新近推出的一款网络操作系统，该系列版本内置 Web 管理和虚拟化技术，可提供增强服务器基础结构的可靠性和灵活性。由于采用新的虚拟化工具、Web 资源和增强的安全性以及最新的 PowerShell，可为系统管理节省时间、降低成本，并且向网络提供了一个动态而优化的系统平台，并提供先进的安全性和可靠性等增强功能，如 NAP 和 Read-Only Domain Controller，可以有效加强服务器操作系统安全并保护服务器环境。

整体看，Windows 操作系统继承了人性化的界面风格，其操作易用性逐步提高，也是目前使用比较广泛的系统，并且具有较多的软硬件支持。在改善了安全性之后，给用户带来了最高的使用效能，在中小型网络中还是有很大发展空间的。

1.2.4 UNIX 网络操作系统

UNIX 是一种强大的多用户、多任务操作系统，支持多种处理器架构，按照操作系统的分类，属于分时操作系统。最早由 Ken Thompson、Dennis Ritchie 等于 1969 年在 AT&T 的贝尔实验室开发。UNIX 因为其安全可靠、高效强大的特点在服务器领域得到了广泛的应用。在 Linux 流行前，UNIX 是科学计算、大型机、超级计算机等所有操作系统的主流。

UNIX 经过长期的发展和完善，目前已成长为一种主流的操作系统技术和基于这种技术的产品大家族，其中用途最广的版本是由加州大学 Berkeley 分校开发的 BSD 产品。由于 UNIX 具有技术成熟、可靠性高、网络和数据库功能强、伸缩性突出和开放性好等特色，可满足各行各业的实际需要，特别能满足企业重要业务的需要，已经成为主要的工作站平台和重要的企业操作平台。曾经是服务器操作系统的首选，但近年来市场份额在跟 Windows 以及 Linux 的竞争中有所下降。

UNIX 系统的稳定和安全性能非常好，而且历史悠久，其良好的网络管理功能已为广大网络用户所接受，拥有丰富的应用软件的支持。以其较高的系统安全性和稳定性受到高端用户的青睐，通常 UNIX 常用于大型的网站或大型的企、事业单位局域网中，SUN Solaris、IBM-AIX 都是定位于高端服务器操作系统市场的。由于 UNIX 是非开源代码，技术层面未能得到有效推广，并且是以命令方式来进行操作的，不容易掌握。所以在中低端市场的推广与普及还需时日。此外，UNIX 本是针对小型主机环境开发的操作系统，是一种集中式分时多用户体系结构，所以其体系结构不够合理，最近几年，UNIX 的市场占有率呈下降趋势。

知识补充

BSD 在发展中也逐渐衍生出 3 个主要的分支：FreeBSD、OpenBSD 和 NetBSD。有很多大公司在取得了 UNIX 的授权之后，开发了自己的 UNIX 产品，比如 IBM 的 AIX、HP 的 HPUX、SUN 的 Solaris 和 SGI 的 IRIX。

1.2.5 Linux 网络操作系统

Linux 网络操作系统是一种新型的网络操作系统，它的最大的特点就是源代码开放，而且是免费使用和自由传播的类 UNIX 操作系统，它主要用于基于 Intel x86 系列 CPU 的计算机上。其目的是建立不受任何商品化软件的版权制约，全世界都能自由使用的 UNIX 兼容产品。Linux 本身就是一个完整的 32 位的多用户多任务操作系统，因此不需要先安装 DOS 或其他操作系统（如 Windows，OS/2，MINIX）就可以直接进行安装，当然，Linux 操作系统可以与其他操作系统共存。

Linux 操作系统基本上可以完成目前 UNIX 系统所能提供的各项服务。Linux 操作系统适合作为 Internet 标准信息服务平台，它以低价格、源代码开放、安装配置简单等特点，对广大用户有着较大的吸引力。

Linux 的历史是和 GNU 紧密联系在一起的。1983 年，理察·马修·斯托曼创立了 GNU 计划（GNU Project）。这个计划是为了发展一个完全免费自由的 UNIX-like 操作系统。而 Linux 操作系统是自由软件和开放源代码发展中最著名的例子。Linux 的出现，最早开始于芬兰赫尔辛基大学的学生 Linus Torvalds。他的目的是想设计一个代替 Minix 的操作系统，这个操作系统可用于 386、486 或奔腾处理器的个人计算机上，并且具有 UNIX 操作系统的全部功能。1990 年，Linus Torvalds 编写了一个 Minix 内核，初名为 Linus' Minix，意为 Linus 的 Minix 内核，后来改名为 Linux，并且发布在网络上，允许其他人免费使用和修改。由于源代码是公开的，任何一个使用 Linux 的人在添置了新硬件后都能自己编写驱动程序，所以 Linux 对新硬件的支持已经超过了许多专业的 UNIX 系统。Linux 离开 Internet 是不可能成功的，因为 Linux 实际上是世界各地众多程序员共同开发的结果。

绝大多数基于 Linux 内核的操作系统使用了大量的 GNU 软件，包括了 shell 程序、工具、程序库、编译器及工具，还有许多其他程序。正因为如此，GNU 计划的开创者理查德·马修·斯托曼博士提议将 Linux 操作系统改名为 GNU/Linux。但人们还是习惯把该操作系统称为“Linux”。

Linux 和 UNIX 的最大的区别是，前者是开放源代码的自由软件，而后者是对源代码实行知识产权保护的传统商业软件，这应该是它们最大的不同，这种不同体现在用户对前者有很高的自主权，而对后者却只能被动地适应；这种不同还表现在前者的开发是处在一个完全开放的环境之中，而后者的开发完全是保密不公开的，只有相关的开发人员才能够接触到产品的原型。UNIX 系统大多是与硬件配套的，而 Linux 则可运行在多种硬件平台上。但在 Linux 下运行的应用软件也相对较少，所以目前暂不具有普适性，另外其维护成本的相对偏高，更多地是用在一些高端的小型网络环境。

知识补充

Linux 可以提供图形用户界面进行管理，这相对于命令行模式是一个进步，Linux 采用 X Windows 系统，常见的 X Windows 包括 KDE 和 GNOME 等桌面系统。不过与之对应的是一些原本图形界面的操作系统目前也提供了命令行模式进行管理，例如 Windows Server 2008 的 Powershell。

一个典型的 Linux 发行版本包括：Linux 内核、一些 GNU 程序库和工具、命令行 shell、图形界面的 X Window 系统和相应的桌面环境（如 KDE 或 GNOME）以及数千种从办公套件、编译器、文本编辑器到科学工具的应用软件，当然也包括各类网络系统管理程序。

目前 Linux 的发行版本主要有：Debian、红帽（Redhat）、ubuntu、Suse、Open Suse、Mandriva（原 Mandrake）、CentOS、fedora 等，中国的 Linux 发行版本包括红旗 Linux（Redflag Linux）、冲浪 Linux（Xteam Linux）、蓝点 Linux、Hiweed GNU/Linux、Magic Linux、Engineering Computing GNU/Linux、Open Desktop、新华 Linux、中标普华 Linux、中软 Linux 等。

1.2.6 网络操作系统的应用场合

在实际网络建设中，特别是具体到不同规模和功能的网络，安装的服务器软、硬件配置和提供的服务并非一样。不同的服务器类型以及其使用的 CPU 架构都直接影响着服务器网络操作系统的选型，这些都是在实际工作中需要注意的，表 1-2 显示了常见服务器及对应的网络操作系统类型。

表 1-2　各类型的服务器与对应的网络操作系统

序　号	服务器分类	具体服务器系列	能支持的网络操作系统版本
1	大型主机服务器	IBM zSeries	OS/390、Linux、z/VM、TPF、VSE/ESA 等
2	UNIX 服务器(RISC)	IBM pSeries	AIX5L、Linux（Turbo、SuSE）
3		IBM iSeries	OS/400（i5/OS）、AIX5L、Linux（RedHat、SuSE）、Windows
4		SUN SunFire	Solaris 10/9/8
5		HP Alpha Server	HP Tru64 UNIX、OpenVMS、Linux
6	PC 服务器（CISC）	各类型 PC 服务器	Windows 2000/Windows Server 2003/Windows Server 2008 Linux: redhat、Turbo、SuSE、红旗 Linux 等 UNIX: SCO UNIXWare 和 OpenServer、Solaris、FreeBSD 等
7	安腾服务器	HP integrity 动能服务器	HP-UX、OpenVMS、Windows、Linux
8		富士通 PRIMEQUEST	Windows、Linux

1.3　掌握 Windows Server 2008 基础知识

对于中小型网络，特别是办公自动化网络，选择 Windows 系列网络操作系统是很普遍的，这无论是从网络的需求还是从管理角度来看，都是符合实际的。到底 Windows Server 2008 网络操作系统有哪些版本，其优点是什么，提供的服务有哪些，是在学习该版本网络操作系统前必须了解的。

1.3.1　Windows Server 2008 产品的版本

Windows Server 2008 是微软最新一个服务器操作系统的名称，它继承于 Windows Server 2003，Windows Server 2008 是一套相等于 Windows Vista（代号为 Longhorn）的服务器系统，两者拥有很多相同功能，Vista 及 Server 2008 与 XP 及 Server 2003 间存在相似的关系。

Windows Server 2008 代表了下一代 Windows Server 系统。由于具备内建虚拟化技术、专为 Web 打造、高安全性和高性能运算的功能，IT 专业人员对其服务器和网络基础结构的控制能力更强，从而可重点关注关键业务需求。Windows Server 2008 通过加强操作系统和保护网络环境提高了安全性。通过加快 IT 系统的部署与维护，使服务器和应用程序的合并与虚拟化更加简单，提供直观管理工具，为不同网络的服务器和网络基础结构奠定了良好的基础。Windows Server 2008 用于在虚拟化工作负载、支持应用程序和保护网络方面向组织提供最高效的平台。它为开发和可靠地承载 Web 应用程序和服务提供了一个安全、易于管理的平台。从工作组到数据中心，Windows Server 2008 都提供了很有价值的新功能，是网络操作系统领域的一大技术进步。

Windows Server 2008 产品目前可以支持 32 位的 x86 处理器，也可以支持 64 位的 x86 处理器，产品系列主要包括：Windows Server 2008 标准版（见图 1-4）、Windows Server 2008 企业版、Windows Server 2008 数据中心版、Windows Web Server 2008、Windows Server 2008 安腾版、Windows Server 2008 标准版（无 Hyper-V）、Windows Server 2008 企业版（无 Hyper-V）、Windows Server 2008 数据中心版（无 Hyper-V）。

图 1-4　Windows Server 2008 标准版的启动登录画面

需要提醒的是，在安装 Windows Server 2008 时，应注意系统对硬件的要求，Windows Server 2008 按照服务器 CPU 架构可以分为 32 位系统和 64 位系统。表 1-3 给出了 Windows Server 2008 的最低配置与推荐配置。

表 1-3　Windows Server 2008 安装硬件要求

硬　件	安装需求
处理器	最低：1GHz（x86 处理器）或 1.4GHz（x64 处理器） 建议：2GHz 或以上 注意：Windows Server 2008 for Itanium-Based Systems（安腾）版本需要 Intel Itanium 2 处理器
内存	最低：512MB RAM 建议：2GB RAM 或以上 最佳：2GB RAM（完整安装）或 1GB RAM（服务器核心（Server Core）安装）或以上 最大（32 位系统）：4GB（标准版）或 64GB（企业版或 Datacenter 版） 最大（64 位系统）：32GB（标准版）或 2TB（企业版、Datacenter 版及 Itanium-Based Systems 版）
可用磁盘空间	最低：10GB 建议：40GB 或以上 注意：配备 16GB 以上 RAM 的计算机需要更多的磁盘空间
光驱	DVD-ROM 光驱
显示器	支持 Super VGA（800×600）或更高解析度的显示器
其他	键盘及 Microsoft 鼠标或兼容的指向装置（pointing device）

1.3.2　Windows Server 2008 系列的优点

相对于其他网络操作系统产品，微软 Windows Server 2008 系列产品的优点如下。

1．强大、方便的管理功能

Windows Server 2008 具备内置 Web 与虚拟化技术，能大幅提升服务器基础架构的可靠性与灵活性。全新的虚拟化工具、增强的 Web 资源管理及安全性功能不仅有助于节约时间、降低成本，同时还可为动态优化的数据中心提供平台。同时，支持管理人员通过远程管理技术纠正许多问题。全新的 Read-Only Domain Controller 为在远程基础架构中进行活动目录管理提供了一种更安全的途径。服务器管理控制台可为管理服务器的配置与系统信息提供单个统一的控制台，不仅可显示服务器的状态，明确服务器角色配置的问题，并能管理服务器上安装的所有角色。服务器管理器 Server Manager 还可直接与命令行外壳 PowerShell 接口相连，并支持脚本语言自动化。所有能在该接口中使用的 Server Manager 功能也都能用于 PowerShell 脚本。该接口甚至还能帮助管理员编写脚本，向管理员准确显示每个按钮与控件背后到底是什么命令，而且还能让管理员记录任务执行，并将这些任务执行保存为脚本。

2. 高可用性

Windows Server 2008 支持故障恢复群集、网络负载平衡、稳健的存储选项以及高级机器自检架构等，可在单点故障问题情况下确保安全。简化的部署与管理工作还能帮助各种规模的组织机构充分发挥上述特性的优势，以显著提高可用性与可靠性。功能更多更新，但系统内存占用量却更低了，Windows Server 2003 企业版在空闲状态下需要大约 250MB，而 Windows Server 2008 略高于 150MB，Server 2008 R2 则只占 105MB 左右，Server Core 模式下也类似。

3. 支持虚拟化技术

目前，大部分服务器未得到利用的处理能力高达 80%到 90%。因此 Windows Server 2008 提供了虚拟化解决方案 Hyper-V，这样单个物理服务器就能支持多个业务系统上的工作负载。Hyper-V 设计的目的是为广泛的用户提供更为熟悉以及成本效益更高的虚拟化基础设施软件，这样可以降低运作成本、提高硬件利用率、优化基础设施并提高服务器的可用性。目前，Hyper-V 运行于 x64 处理器，在 Windows Server 2008 企业版本以上运行。

4. 提供简化的模块化安装——服务器核心（Server Core）

全新的服务器核心安装选项可为运行这些特定应用的服务器或服务器角色提供最简化的环境，从而有助于提高可靠性与效率。对于执行特定网络基础架构角色的网络服务器而言，新的 Server Core 安装选项提供了一种高度可靠的高效率平台。由于 Server Core 能够加载运行核心基础架构角色服务器所需的最少的操作系统组件，因而可以有效减少补丁需求，进而也提高了核心网络基础架构服务器的可靠性与安全性。在安装了 Server Core 并且启动之后，用户看到的只是一个命令行和最精简的用户界面。与完整的操作系统相比，安装 Windows Server Core 之后缺少的功能有：桌面外壳、.NET Framework、MMC 控制台或管理单元、开始菜单、控制面板、IE、Windows Mail、附件工具、资源管理器、运行框等。

5. 提供最新的 IIS 7.0

随着 Web 内容日益丰富而且其正成为提供商业应用的高效平台，Web 服务器也在向众多网络的核心发展。IIS 7 可为要求极高的信息服务提供解决方案，其中包括 ASP（Active Server Pages）与 PHP 中的流媒体和 Web 应用等。采用全新模块化设计的 IIS 7 使管理员能够仅安装所需的组件，从而最大限度地缩小 Web 服务器的受攻击面。

6. 最新的网络协议与系统互连支持

Windows Server 2008 可支持 TCP/IP 协议 IPv6，可大幅提升远程办公的性能，从而可加快吞吐速率并能更高效地路由网络流量。Windows Server 2008 包含的 UNIX 应用程序子系统（SUA）是一种多用户 UNIX 环境，能够支持超过 300 种 UNIX 命令、实用程序以及外壳脚本等，无需任何仿真就能确保本机的 UNIX 性能，并支持可充分发挥 Windows API 和组件优势的 UNIX 应用。

7. 强大的安全管理功能

Windows Server 2008 中的网络接入保护（Network Access Protection，NAP）可阻止不符合规范的计算机接入企业网络。NAP 要求接入计算机的防病毒签名必须是最新的，所有的操作系统更新都已经安装完毕并且防火墙也已经启用。如果某台计算机没有通过网络访问验证规则，那么 NAP 就会自动将该计算机与网络隔离，直到所有的更新和补丁安装完毕。系统提供的权限管理服务（Rights Management Service）使企业能够控制内外部使用文档的方式，其中包括哪些人可以查看文档，是否能够打印，甚至能否转发或删除等。

而当 Windows Server 2008 充当域控制器的时候，系统提供的只读域控制器（Read-only Domain Controllers，RODC）是非常有用的。RODC 是一个可以安装在远程地点的域控制器，目的是系统托管一个只读的动态目录（Active Directory，AD）数据库副本。这种方法可以让管理员不必担心分支公司的域控制器的物理安全。

总体看，Windows Server 2008 提供的系统功能以及安全性和管理性都较前期的版本有了很大提高，一些新特性和新功能的出现给网络系统管理和部署带来了新思路。

1.3.3 Windows Server 2008 的服务器角色

Windows Server 2008 是一个多任务操作系统，它能够按照用户的需要，以集中或分布的方式处理各种服务器角色，其中的一些服务器角色见表 1-4。

表 1-4 Windows Server 2008 提供的服务器角色功能

服务器角色	服务器提供的功能
文件和打印服务器	对于小型网络来说，这是最基本的服务，通过文件服务器，可以实现对文件资源和打印机的共享。如果某个网络的用户需要对相同文件通过网络访问，就要将该计算机配置为文件服务器
目录服务器	目录服务是一种网络服务，目录服务标记管理网络中的所有实体资源（比如计算机、用户、打印机、文件、应用等）的管理信息，并且提供了命名、描述、查找、访问以及保护这些实体信息的一致的方法，使网络中的所有用户和应用都能方便地访问到这些资源，也使得管理员能够轻松地查找和使用这些信息
DNS、DHCP 服务器	DNS 域名服务是一种组织成域层次结构的计算机和网络服务命名系统，它提供主机名字和 IP 地址之间的转换及有关电子邮件的选路信息。DHCP 是一种用于简化主机 IP 配置管理的 IP 标准。通过采用 DHCP 标准，可以使用 DHCP 服务器为网络客户端管理动态 IP 地址分配和其他相关配置细节
IIS 服务器	IIS 是 Internet Information Server 的缩写，IIS 支持 HTTP（Hypertext Transfer Protocol，超文本传输协议），FTP（File Transfer Protocol，文件传输协议）以及 SMTP 协议，很容易实现 Web 服务和 FTP 服务
邮件服务器	邮件服务器的电子邮件系统通常由发送和接收邮件服务组成，其中 POP3 用于读取以及管理电子邮件。SMTP 服务是使用 SMTP 协议将电子邮件从发件人路由到收件人的电子邮件传输系统
终端服务器	使用终端服务器可提供单点安装，该安装赋予了多个用户对运行 Windows Server 2008 操作系统的任意计算机的访问权。用户可从远程位置运行程序、保存文件并使用网络资源
远程访问/虚拟专用网络（VPN）服务器	路由和远程访问为远程计算机提供功能完备的软件路由器以及拨号和虚拟专用网（VPN）连接。它为局域网（LAN）和广域网（WAN）环境提供路由服务。另外，它还允许远程和移动人员通过拨号连接服务或者使用 VPN 连接通过 Internet 访问公司网络
流媒体服务器	流式媒体服务器为网络提供 Windows Media Services。Windows Media Services 通过 Intranet 或 Internet 提供在线的实时流式音频和视频发布
应用程序服务器	应用程序服务器向系统上的应用程序提供公钥基础结构和服务。典型的应用程序服务器包括资源池（例如，数据库连接池和对象池）、分布式事务管理、异步程序通信，通常通过消息队列、及时的对象激活模型

1.3.4 Windows Server 2008 组网相关概念

Windows Server 2008 系统和其他网络操作系统相比，有很多自己独特的技术，也随之产生了一些专有概念，了解这些概念对后续的学习是很有帮助的。同时这些概念也代表了该系统的组网理念。

1. 目录和目录服务

目录是一种结构化的数据格式，Windows Server 2008 支持以目录方式存储各种与对象有关的系统信息，这些对象包括用户、组、计算机、域、组织单位和安全策略，还可以在目录服务中设置用户的权限等。目录服务就是要提供用于存储目录数据，并使这些数据可以由网络用户和管理员使用的方法。目录服务是一种非常适合当今网络管理分散、距离远等特点的服务方式。

2. 活动目录（Active Directory，AD）

活动目录实际是一种特殊的数据库系统，该数据库中存放着 Windows Server 2008 域内所有的安全性数据和用户账户信息。当用户要登录网络时，系统就将此信息调出，检查用户是否合法并确认身份及使用权限。目录服务的作用就是管理这个目录数据库。

3. 域和域名

域是由若干个网络服务器、工作站连接而成的群组，它是 Windows Server 2008 进行网络集中管理的一个单位。域内的用户只需登录到该域的域控制器，就可以共享该域中的全部资源。如果整个网络只有一个域，那么这个域中的所有账户和安全信息就都储存在主域控制器上。如果有多个域，则每一个域都有自己的域控制器，每个域的所有账户和安全信息都保存在自己的域控制器上。

一个活动目录可以包含一个或多个域，域之间通过委托来建立信任关系。建立信任关系后，用户只要在某一个域内拥有一个用户账号，就可以访问整个网络中其他经过委托的域内资源。

知识补充

给域起一个名字就是域名。它符合 DNS 标准。需要指出的是，这里域的概念和 Internet 中的 DNS 结构下的域是不同的两个概念。

4. 域控制器

域控制器是一台安装了 Windows Server 2008 的服务器，“域”的真正含义指的是服务器控制网络上的计算机能否加入的计算机组合。在“域”模式下，至少有一台服务器负责每一台联入网络的计算机和用户的验证工作，相当于一个单位的门卫一样，称为“域控制器”（Domain Controller，DC）。域控制器通过活动目录来管理域，主要是处理用户或账户的登录过程，包括验证和目录搜索、参与活动目录复制、存储域安全策略信息。

域控制器中包含了由这个域的账户、密码和属于这个域的计算机信息构成的数据库。当计算机连入网络时，域控制器首先要鉴别这台计算机是否是属于这个域，用户使用的登录账号是否存在，密码是否正确。如果以上信息有一样不正确，那么域控制器就会拒绝这个用户从这台计算机登录。如果不能登录，用户就不能访问服务器上有权限保护的资源，他只能以对等网用户的方式访问 Windows 共享出来的资源，这样就在一定程度上保护了网络上的资源。

Windows Server 2008 在活动目录管理方面有了很多改善，其中包括只读的域控制器，给企业网络的分布管理带来很多方便。

5．成员服务器

成员服务器运行 Windows Server 2008 并且加入域，但不存储目录数据库的副本。成员服务器的任务是执行特殊的应用服务程序，如文件服务器、数据库服务器、应用服务器、Web 服务器、证书服务器、远程访问服务器等。

6．独立服务器

独立服务器运行 Windows Server 2008，不是域成员。独立服务器可与网络上其他计算机共享资源，但是它们不接受活动目录所提供的任何服务。

1.4 企业组网需求分析

某企业根据网络需要准备搭建一台域控制器，域用户 100 左右，同时要提供文件服务、磁盘容量 1TB（RAID5 后），性能方面要求在一台服务器上同时运行域控制器和文件服务，同时服务器具备高可靠性和稳定性，对于服务器的性能和磁盘存储空间具有一定的可扩充和升级的能力。

1．需求分析

根据网络的特性要求，运行域控制器的服务器要求稳定性很高。对于 100 左右的用户量，建议加大服务器的内存来提高整套系统的可用性。

文件服务器（File Server）具有分时系统文件管理的全部功能，是提供网络用户访问文件、目录的并发控制和安全保密措施的局域网（LAN）服务器。在计算机局域网中，以文件数据共享为目标，需要将供多台计算机共享的文件存放于一台计算机中。文件服务器的最基本的需求就是存储空间，相对来说对服务器的整体性能要求不高。由于文件存储不同于数据库存储的频繁 I/O，所以可以使用高性价比的 SATA 硬盘，来满足不断增长的存储空间需求。

2．方案建议

由于一台服务器同时运行域控制器和文件两套系统，考虑到服务器的性能压力，所以建议采用双 CPU，单颗主频 2.0GHz 以上，二级缓存大于 6MB。根据域用户和文件访问量建议至少配置 4GB 内存。考虑文件存储的特点和性价比建议采用三块 500GB 的 SATA 硬盘，做 RAID5 后达到 1TB 的可使用空间。

3．服务器软硬件推荐配置

（1）硬件　推荐采用 HP ProLiant ML370 G5 服务器，该服务器采用英特尔至强 E5410 四核处理器，频率为 2.33GHz，最大内存 64GB，硬盘最大支持 16 块 2.5 寸 SAS 硬盘，如果使用 146GB SAS 硬盘最大容量可以达到 2.33TB。双千兆网卡，支持绑定，支持更宽的网络带宽，并支持冗余电源。该服务器是HP服务器中的旗舰产品，也是业界销量较大的X86服务器，不论从性能还是稳定性上都能充分满足客户的需求。另外强大的扩展性允许客户将更多的应用迁移到HP ML 370服务器上。该服务器具有业界领先的管理、性能和可用性，可完全胜任各种环境，包括日益增长的企业工作组和域环境以及需要持续访问和正常运行的关键站点。

（2）软件　考虑到网络规模和管理的方便性，本方案的网络操作系统准备采用Windows Server 2008企业版，可以很好地完成域控制器以及文件等服务，并为今后服务扩展奠定基础。

1.5　拓展强化训练

1．知识复习

1）网络管理员岗位对服务器操作系统管理的要求有哪些？

2）什么是网络操作系统，网络操作系统有哪些功能，常见的网络操作系统有哪些？

3）Windows Server 2008的主要版本有哪些，其最低安装要求是什么？

4）Windows Server 2008的主要特点和功能是什么？

5）什么是虚拟化技术？

6）一个Windows网络中，有多少种服务器类型，域控制器在其中起什么作用？

2．能力训练

1）参观网络中心，了解服务器的功能和每台服务器安装的网络操作系统版本。

2）通过网络搜索，了解几种常见网络操作系统的最新版本以及提供的网络功能。

3）通过网络搜索引擎和技术资料，查询如下的网络操作系统的安装硬件要求，并填写下表。

① NetWare 6.5。

② 红旗Linux服务器版。

③ UNIX（支持PC服务器版本）。

各版本网络操作系统安装硬件要求

系统版本	CPU	内　存	可用磁盘空间	显示器	其　他

第 2 章

Windows Server 2008 安装与配置

Windows Server 2008 是美国微软公司推出的一种适应当前网络发展需要并与 Internet 充分集成的多功能网络操作系统。该系统除了保持 Windows Server 2003 系统稳定性强、扩展性好以及易于管理的优点外，还在安全性和可靠性方面有了较大的提高。它为客户提供了一个更加可信、开发利用率更高的服务器环境。

本章主要通过实例任务介绍 Windows Server 2008 中文企业版的安装与配置，并介绍 Windows Server 2008 系统功能与角色的配置管理。

学习目标

知识要求：

掌握系统安装以及设置的相关知识。知道系统配置的基本要求，了解系统管理的基本知识

岗位职业能力目标：

1）能在安装前规划好网络操作系统的相关参数

2）能独立完成 Windows Server 2008 系统安装

3）能卸载 Windows Server 2008 操作系统

4）能完成 Windows Server 2008 系统基本应用和简单设置

5）能完成 Windows Server 2008 系统的功能服务管理

6）能完成 Windows Server 2008 系统的角色服务管理

2.1 任务 1–系统安装

2.1.1 任务背景与分析

任务背景

某商贸公司根据工作需要对很多业务来往的数据文件需要各部门共享，同时需要一些打印共享功能及简单内部信息发布功能，所以打算构建一个简单的办公自动化网络，并购置了几台服务器。现在要求某网络公司帮助完成网络服务器的系统安装。作为一名网络工程师，该如何搭建服务器并解决上述问题呢？

任务分析

根据该公司的业务需求并结合具体的网络实际，可以看出该网络规模并不大，是一个典型的企业办公自动化网络。服务器上应安装一套适合网络应用的网络操作系统。考虑到该公司的网络管理状况，不难分析出在这样的网络服务器上比较适合安装 Windows Server 2008 网络操作系统。该网络操作系统完全可以满足公司的网络需求，同时它安装简便，管理界面友好，便于今后的管理。因此，如何安装和部署该网络操作系统，成为网络工程师第一步要完成的工作。

系统安装的工作流程是：需求与功能分析→安装规划→实施系统安装→系统基础配置。

2.1.2 任务实施–从光盘安装 Windows Server 2008 操作系统

首先，根据网络规模，确定在该服务器部署 Windows Server 2008 的企业版。根据公司网络需求和服务器硬件情况进行规划，其中，服务器系统硬盘分两个以上分区，系统分区选为 C 盘，磁盘文件系统格式为 NTFS。因为网络规模比较小，IP 地址设置为 C 类。

技能提示

通常，Windows Server 2008 的安装分为全新安装和升级安装两种情况。升级安装一般是在低版本 Windows 系统下进行的升级安装，特点是可以保留原来系统的一些原始数据和参数配置信息等。需要补充说明的是，本书相关软件的全部安装和配置管理操作均可在虚拟机环境完成，虚拟机软件可选用 Vmware 或 Virtual PC，详细资料可参考本书附录中虚拟机应用部分。

考虑到本案例的实际情况，应选择全新安装。微软公司在销售网络操作系统的时候会提供给用户安装光盘，利用该安装光盘可以完成系统的整个安装步骤。具体操作步骤如下：

步骤 1：进入服务器的 BIOS 设置，将开机顺序设置为光驱优先启动，建议将 BIOS 中的病毒保护关闭。在光驱中插入 Windows Server 2008 安装光盘，重启计算机。

步骤 2：当屏幕上出现类似如图 2-1 所示的信息时，则表示 Windows Server 2008 安装开始了。

步骤 3：在出现“安装 Windows 界面”后，选择安装语言和输入法以及时间和货币格式，选择默认中文选项就可以，单击“下一步”继续，如图 2-2 所示。

步骤 4：如图 2-3 所示，选择“现在安装（I）”，当然如果是在今后系统维护中对现有系统进行维护，也可以点“修复计算机”选项。

步骤 5：输入产品密钥，一般在产品包装盒可以看到，如图 2-4 所示。一些试用版本或网络上下载的被预先设置的版本也可能不要求输入密钥，但是会对系统使用时间有限制。

步骤 6：选择安装的具体系统版本，如图 2-5 所示，从图中不难看出，Windows Server 2008 支持多种安装模式，分别是完全安装模式下的标准版、企业版、数据中心版以及服务器核心安装模式下的标准版、企业版、数据中心版。这里选择企业版的 Windows Server 2008 Enterprise（企业版）完全安装。

图 2-1　系统安装程序引导界面

图 2-2　选择安装设置

图 2-3　进入 Windows Server 2008 安装

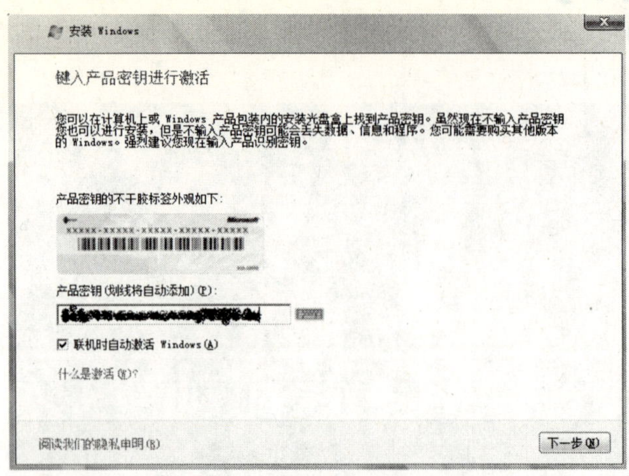

图 2-4　输入产品密钥

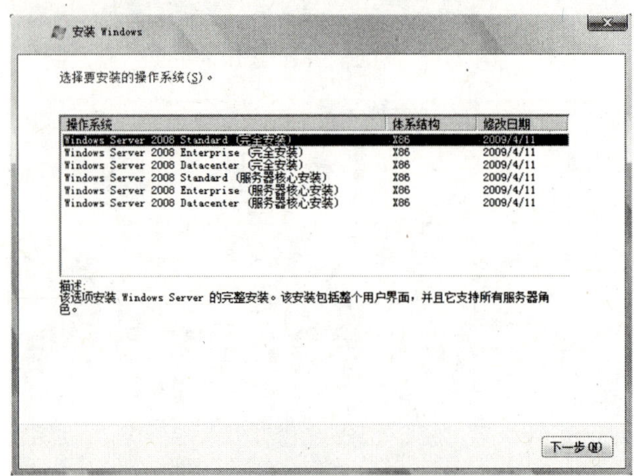

图 2-5　选择具体安装版本

步骤 7：阅读并同意软件许可协议，如图 2-6 所示，勾选“我接受许可条款”，同意软件许可协议，点击“下一步”继续。如果此处不接受许可条款，安装将取消。

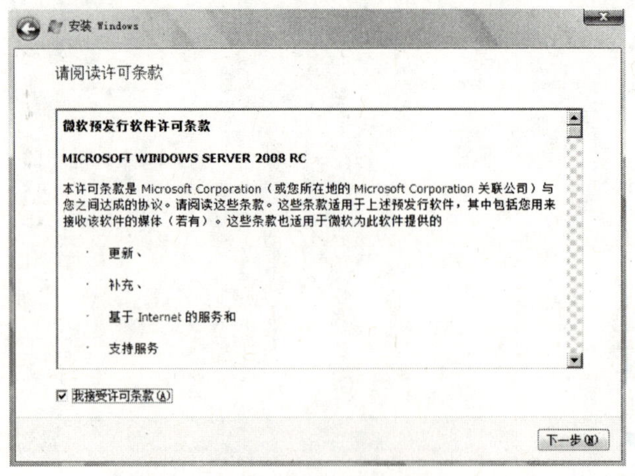

图 2-6　阅读并许可软件许可协议

步骤 8：选择是“定制安装”还是“升级安装”，如图 2-7 所示，选择“自定义（高级）”准备进行定制安装。如果是在低版本升级安装也可以选择“升级”。

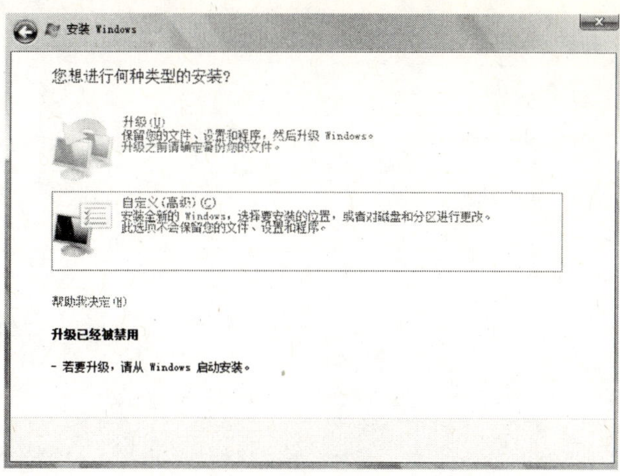

图 2-7　选择安装类型

步骤 9：为 Windows Server 2008 选择安装分区，如图 2-8 所示，选择分区后点击“下一步”继续。

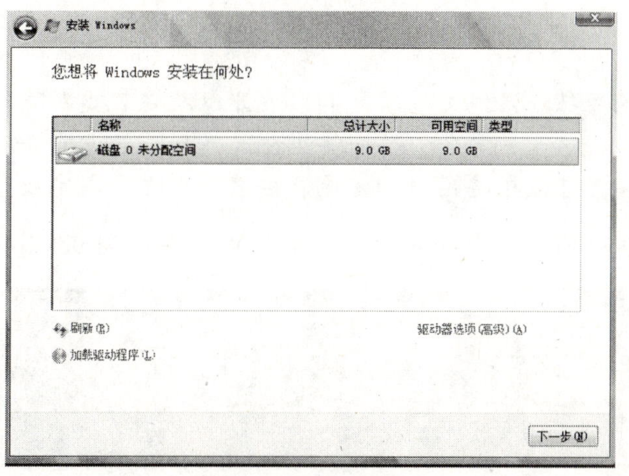

图 2-8　选择安装分区

技能提示

需要特别注意的是，Windows Server 2008 只能被安装在 NTFS 格式分区下，并且分区剩余空间必须大于 8GB。如果使用了一些比较不常见的硬盘接口系统，例如 SCSI、RAID 或者特殊的 SATA 硬盘，安装程序可能无法识别硬盘，那么需要在这里提供驱动程序。点击“加载驱动程序”图标，然后按照屏幕上的提示手动提供驱动程序即可继续。当然，安装好驱动程序后，还需要点击“刷新”按钮让安装程序重新搜索硬盘。同时，也可以在“驱动器选项（高级）”进行磁盘操作，如删除、新建分区、格式化分区、扩展分区等。

步骤 10：如图 2-9 所示，Windows Server 2008 的安装开始了，相对于 2003 版本，安装步骤显得更加简捷。

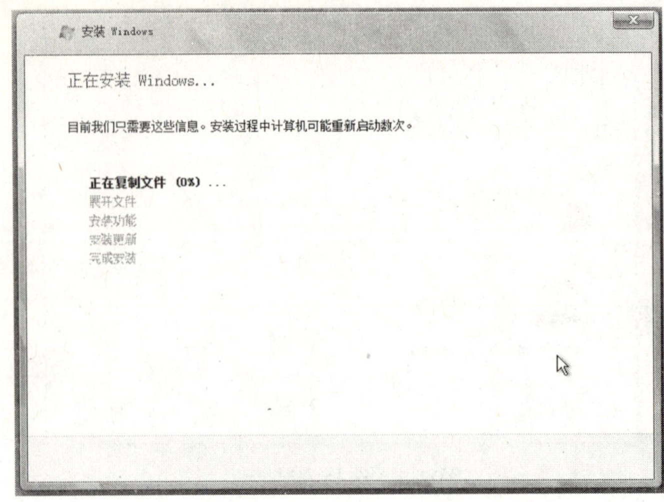

图 2-9　安装 Windows Server 2008

技能提示

系统安装主要完成包括系统文件的复制、展开以及安装更新等，如果用户安装过早期版本的 Windows Server 肯定会觉得一些组件选择和参数设置并不需要在安装时候完成。新版本的这些设置可以根据用户的定制在安装结束之后来完成。

步骤 11：如图 2-10 所示，出现此画面，代表 Windows Server 2008 的安装已经完成。

图 2-10　准备桌面

步骤 12：出现如图 2-11 的用户登录对话框。输入用户名和密码，单击“确定”按钮，就可以登录系统了。如果是第一次登录系统，需要修改管理员（Administrator）口令。

图 2-11　登录窗口

知识补充

从安装过程来看，微软对新一代操作系统安装的便利性做了更大的优化，相比以往繁琐的设置和反复的重启，现在仅重启一次的安装过程让用户感觉很简捷。但是一些原本必需的设置过程也因此被移到了安装以后来完成，这或许对于需要批量预装服务器的用户来说就比较不适合了。同时，安装源压缩算法的优化和 DVD 载体相比以往 CD 在读取速度上的优势，使得整个安装过程耗时并不长。

2008 版默认没有对 Windows Update 进行设置，需要手工配置。同时，安全更新界面也从以往的 Web 方式变换为与 Windows Vista 一致的系统内嵌程序。

经过上述步骤，Windows Server 2008 系统的安装就基本结束了。不难看出，如果管理员事先认真规划，系统安装本身并不复杂，过程也比较简单。需要注意的是，由于安装过程基本由系统自动完成，所以管理员应更加关注安装前的准备和规划，例如核心数据的备份和系统主要参数的选择。所以，作为网络管理员首先要掌握的技能不是安装系统本身，而是安装前认真的准备工作，如分区规划、文件系统选择、文件资料备份等。

2.1.3　能力扩展

安装完 Windows Server 2008 系统以后，管理员还需要考虑以下几个问题：安装模式是否只有一种；系统安装后如何卸载。

1. 采用升级安装模式进行系统安装

Windows Server 2008 支持从低版本进行升级安装，这样可以有效地保护和继承原有服务器资源。从 Windows Server 2003 升级到 Windows Server 2008 是最常见的，但是下列

Windows版本不能升级到2008，主要包括：Windows 95、Windows 98、Windows ME、Windows XP、Windows Vista 和 Windows 7。服务器版本的 Windows NT Server 4.0、Windows 2000 Server、Windows Server 2003 RTM、Windows Server 2003 SP1、Windows Server 2003 Web、Windows Server 2008 R2 Beta、Windows Server 2003 IA64、Windows Server 2003 x64、Windows Server 2008 IA64。需要注意的是 Windows Server 2008 不支持跨架构进行升级（例如，X86 不能被升级到 X64），也不支持跨语言进行升级（例如，英文版不能被升级成中文版），同时也不支持跨版本进行升级。

升级安装的步骤与直接安装模式基本相同，如果符合升级安装条件，则以低版本系统启动计算机，插入安装光盘，然后点击安装命令，在“步骤 8”中选择“升级安装”即可。

2. 卸载操作系统

操作系统的卸载和应用软件的卸载不一样，应用软件一般可以通过自带的删除工具完成软件的卸载。一般情况下，服务器安装的操作系统不要删除，即便系统崩溃了，也要尽量选择系统恢复来保证用户权限等系统信息的保留。此外，网络操作系统上存储有大量的用户信息和数据，卸载操作系统之前必须考虑清楚哪些是今后需要的，不要贸然进行系统删除。具体操作时，如果系统安装在 C 盘，就需要使用 Windows Server 2008 的安装光盘启动系统，进入选择安装分区的界面，选中 C 盘，按“D”键删除 C 盘，然后按“C”键重建一个 C 盘。当然，也可以使用 PQMagic 分区管理软件来删除 C 盘并重建 C 盘。

3. 选择服务器核心 Server core 模式

在安装的时候，管理员也可以选择服务器核心安装模式。该模式安装之后，在登录窗口输入口令，系统界面将以命令行形式出现，如图 2-12 所示。这对于一些已经习惯了 Linux/UNIX 系统的用户来说是非常受欢迎的。采用该模式，系统安装空间和内存占用都有大幅度下降，系统的安全性也更高，但是对管理员的要求也更高。

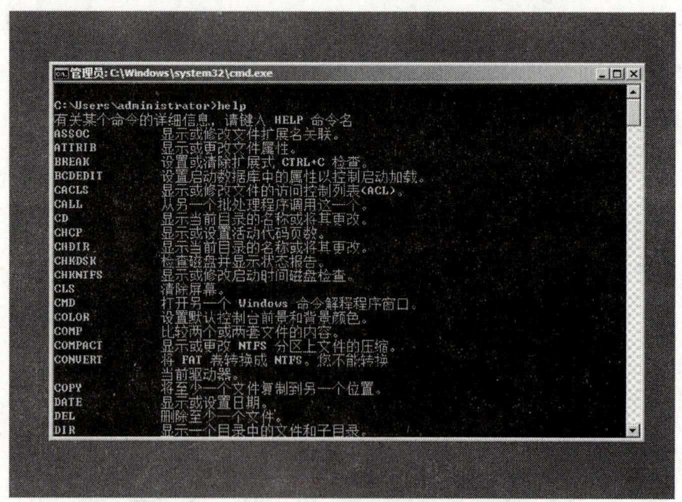

图 2-12　Server core 模式的系统界面

2.2 任务 2–Windows Server 2008 基本使用与配置

2.2.1 任务背景与分析

在前一个任务中，已经安装完一台服务器，但是，管理员还不可以将该服务器直接接入网络，作为网络操作系统，如果未进行配置就贸然投入运行，则出现系统问题的后果是非常严重的。那么，在服务器正式投入运行之前应该做哪些准备工作呢？

任务分析

即便是普通的单机操作系统，在安装完系统后，也必须做好必要的配置才能够投入运行。网络操作系统和单机操作系统一样，在安装结束后，管理员要熟悉安装后的系统界面，查看系统具体安装并提供了哪些管理工具，网络服务功能与角色是哪些，基本网络参数是什么，同时要根据系统管理和服务要求，安装相应的服务功能和角色，安装系统补丁程序，并安装必要的杀毒软件和防御工具。这些设置完成后，才可以提供给网络环境使用。

配置一台服务器操作系统的工作流程是：熟悉管理环境→设置系统参数→安装系统补丁→配置服务功能和角色。

2.2.2 任务实施——熟悉系统环境，配置系统参数

根据系统安装后的必要流程，作为网络管理员，首先应该熟悉该系统的界面，比较一下和以往的其他版本操作系统有什么不同。

1. 熟悉 Windows Server 2008 的界面

启动 Windows Server 2008 服务器，通过其界面和启动过程不难看出，Windows Server 2008 已全面换上 Windows Vista 的外套，同时也允许使用传统的 Windows 界面。从性能上看，相同硬件配置下，Windows Server 2008 的启动速度和程序运行速度比 Windows Server 2000 和 Windows Server 2003 要快许多，这表明 Windows Server 2008 作为服务器操作系统有十分突出的内存管理、磁盘管理和线程管理性能。

登录系统后，出现的界面如图 2-13 所示。不难看出，最初的系统桌面是很简单的，只包括很少的图标，其他图标可以在使用时根据软件安装和快捷菜单设置产生，其实这一点和 Windows Vista 系统类似，用户可以自己选择桌面上包含哪些快捷图标。

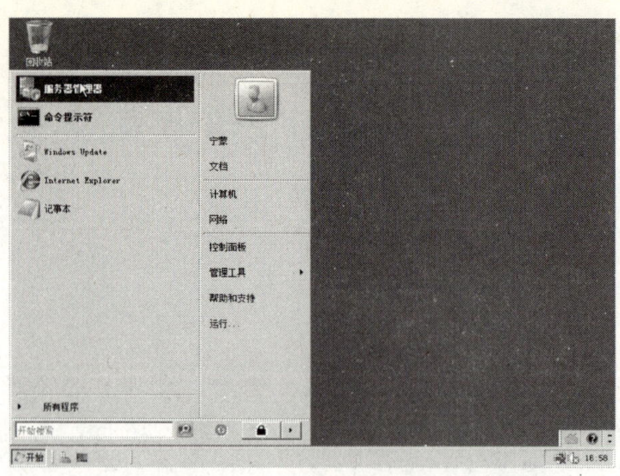

图 2-13　系统原始桌面

如果是第一次启动系统，一般系统会出现如图 2-14 所示的“初始配置任务”窗口。在这个初始配置任务窗口中，用户可以完成服务器的一些基本设置，如网络参数设置、升级设置、防火墙设置以及功能和角色添加等。该窗口包含的设置内容都是比较基本和重要的。

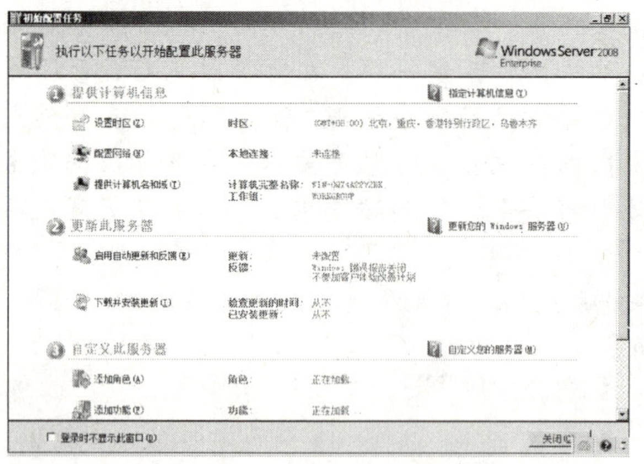

图 2-14　初始配置任务窗口

同其他 Windows 操作系统一样，桌面主要由任务栏、开始菜单等组成，界面基本与 Vista 系统类似。Windows Server 2008 当然也可以提供类似 Vista 的华丽界面，但是作为一个网络操作系统来说不建议使用。

技能提示

如果要改变显示风格，则可以在系统的开始菜单中，依次展开控制面板、管理工具和服务窗口，在对应服务的右边子窗口中，用鼠标选中“Themes”选项，双击该服务选项，然后打开常规标签页，将对应该服务的启动类型设置为“自动”，再点一下“应用”按钮，单击“启动”按钮，就能将系统中的 Themes 服务启用了。返回到系统桌面，并用鼠标右键单击空白处，从快捷菜单中执行“属性”命令，打开外观标签页面，在其中的“窗口和按钮”处，选中 Windows XP 样式或者其他显示样式。

点击“开始”菜单，发现相对于早期版本，系统菜单项目并不多。点击“关闭系统”，会发现关闭系统对话框多了注释选项，管理员输入关闭原因才可以关闭系统，如图 2-15 所示。

技能提示

关机事件跟踪也是服务器系统区别于桌面系统的一个设置，每次关机或重启，都让用户选择一个理由，对于服务器来说这是一个必要的选择，不过可以禁止它。方法是：打开“开始”→“运行”，键入“gpedit.msc”，打开“组策略编辑器”。在窗口的左边部分，选择“计算机配置”→“管理模板”→“系统”，在右边窗口双击“显示关闭事件跟踪程序”，在出现的对话框中选择“已禁用”，然后点击“确定”按钮保存后退出。

2. 熟悉管理工具

既然是网络操作系统，相关的网络系统管理成为系统的主要任务，Windows Server 2008 的管理主要是通过管理工具菜单来完成的。管理工具，顾名思义，是一组管理程序的集合，单击“开始”→“程序”→“管理工具”就可以看到管理工具菜单，如图 2-16 所示。

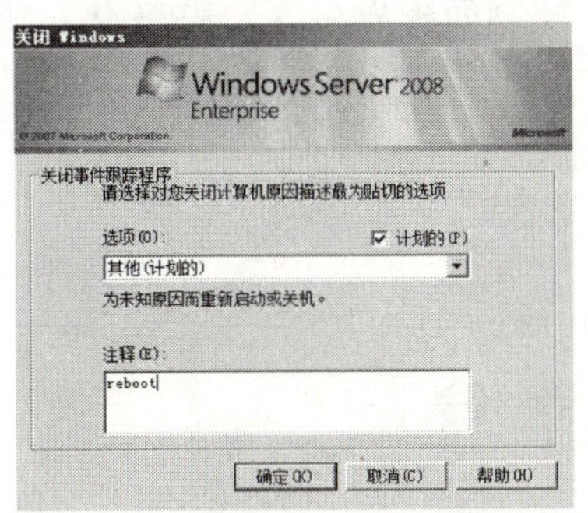

图 2-15　关闭系统

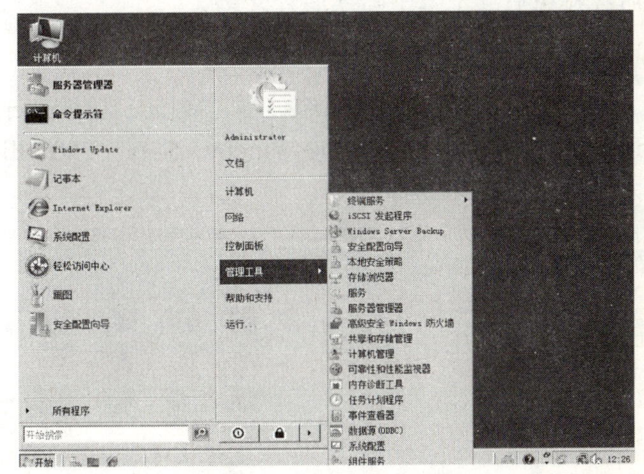

图 2-16　管理工具菜单

技能提示

从 Windows 2000 开始，微软引入了管理控制台（Microsoft Management Console，MMC）的概念。在 MMC 中，管理员可以添加不同的控制台组件，利用这些组件就可以对系统作设置，而且通过 MMC 组件，所有的设置都可以在统一的界面中完成，降低了设置的难度。

MMC 控制台的使用步骤是，点击“开始”，在“运行”对话框中输入“MMC”并按“Enter”键就可以打开 MMC 控制台，如图 2-17 所示。第一次运行的控制台是空白的，管理员可以按照自己的需要添加各种管理单元进去，方法是在“文件”菜单上点击“添加/删除管理单元”。系统已经带有很多可以添加的管理单元，如图 2-18 所示。添加之后就可以通过 MMC 完成各项管理。

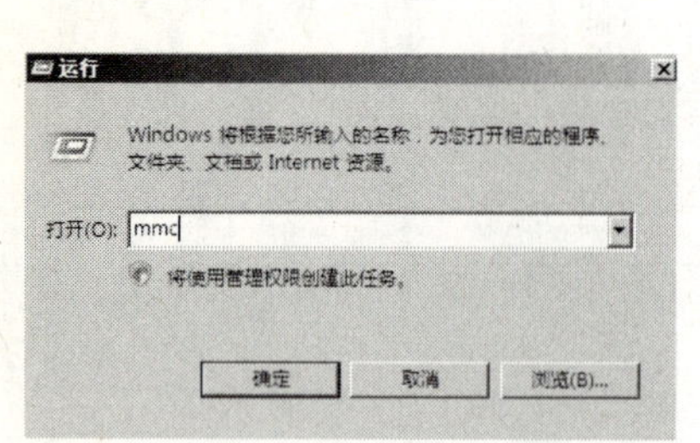

图 2-17　通过运行窗口输入 MMC 命令

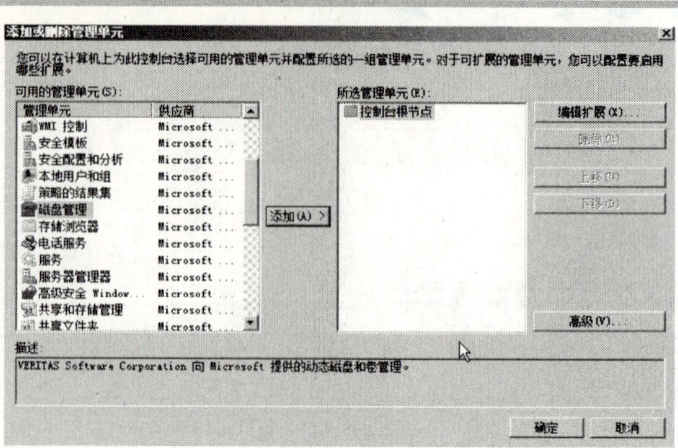

图 2-18　添加 MMC 管理单元

在管理工具中，比较常用的管理工具有：服务器管理器、计算机管理、本地安全策略、可靠性和性能监视器、事件查看器。此外，管理工具中的项目随着系统功能和角色的添加和删除而相应发生变化。点击管理工具中的某个管理菜单项，将进入具体的管理界面，详细内容将在后续章节中陆续展开介绍。

3．熟悉控制面板与系统参数设置

同早期 Windows 操作系统一样，Windows Server 2008 的各种软硬件参数设置，依旧是通过控制面板来完成的。与 Windows Server 2003 相比，控制面板发生了一些变化，其控制面板的组成如图 2-19 所示。

图 2-19　控制面板窗口

网络参数设置

由于在安装过程中并没有设置网络参数等，Windows Server 2008 要求在安装后自行设置。由于目前大部分网络均使用 TCP/IP 协议，而 Windows Server 2008 同时支持 IPv4 和 IPv6

版本，本书考虑目前大部分网络实际情况，依旧采用 IPv4 版本设置参数。

例如：设置该服务器的 TCP/IP 网络参数，本案例中的参数是：IP 地址为“192.168.0.2”、子网掩码为“255.255.255.0”、默认网关为“192.168.0.1”、首选 DNS 为“192.168.0.2”。其设置步骤是：

步骤 1：在“初始配置任务”窗口，点击“配置网络”，进入“网络连接”窗口。

步骤 2：右击“本地连接”，点击“属性”按钮。

步骤 3：单击“Internet 协议版本 4（TCP/IPv4）”，如图 2-20 所示，再点击“属性”按钮。

步骤 4：在对应设置对话框窗口输入对应的 TCP/IP 设置。点击“确定”按钮，如图 2-21 所示。

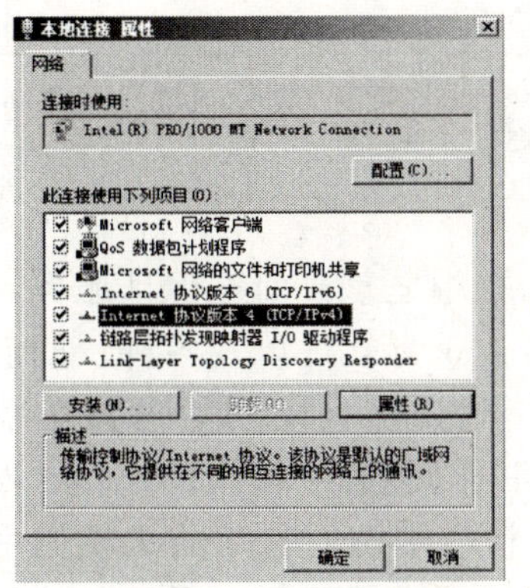

图 2-20　TCP/IP 协议网络设置窗口

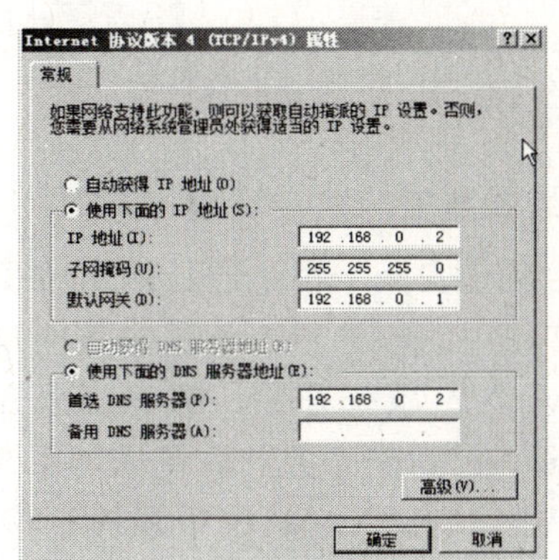

图 2-21　设置 IP 地址参数

4．设置系统更新

对于网络操作系统来说，定期安装系统补丁是必要的，在安装完网络操作系统并投入服务器运行之前，安装微软 Windows Server 2008 Service Pack 可以有助于保护服务器的安全并更好地防御黑客的攻击。Windows Server 2008 的补丁包通过提供诸如安全配置向导之类的新安全工具增强了安全基础结构，有助于确保服务器的基于角色的操作安全、通过数据执行保护提高纵深防御能力并通过后安装安全更新向导提供安全可靠的方案，确保其服务器基础结构的安全并为 Windows Server 2008 用户提供增强的可管理性和控制。安装系统补丁升级包是必要的，但是，系统补丁应定期进行自动更新才能有效达到防御目的。

安装系统补丁包并实现自动更新，可以使用“初始配置任务”页面配置。例如，管理员要求系统在每天下午 6 点开始安装更新程序，其步骤是：

步骤 1：在“初始配置任务”窗口中的“更新此服务器”中点击“启用自动更新和反馈”。

步骤 2：在出现窗口中选择“手动配置设置”（见图 2-22）。然后在“手动配置设置”窗口中选择“更改设置”。

步骤 3：点击“自动安装更新（推荐），如图 2-23 所示。选择“每天，18：00”，点击“确定”按钮。

这样系统就可以保证通过网络自动地获得各种系统更新，有效防御系统漏洞，避免系统攻击事件发生，为服务器提供一个安全的运行环境。

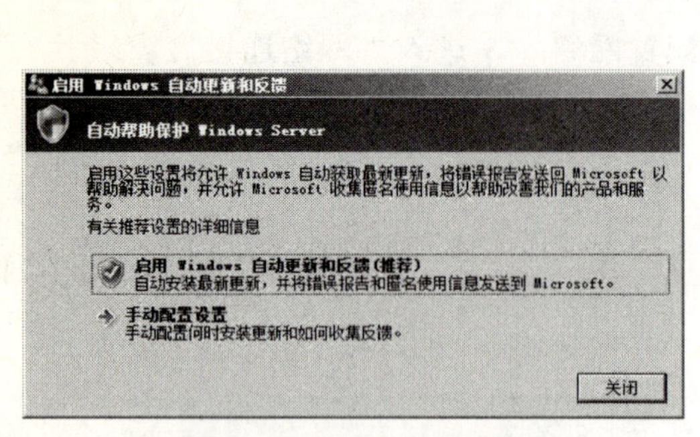

图 2-22　选择手动配置设置

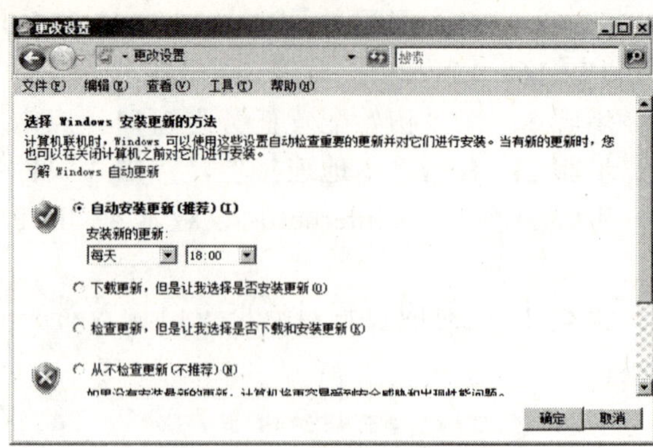

图 2-23　设置系统自动更新

5. **安装配置安全防御环境**

服务器系统安全一直是局域网络维护管理操作的重中之重，而在保证服务器运行安全方面，最常使用的一种方法就是安装网络防火墙、专业杀毒软件以及各种反间谍工具等。从 Windows XP 系统开始，微软公司就已经将网络软件防火墙功能内置在系统中。在 Windows Server 2008 服务器系统中，系统自带防火墙的功能有了很大的进步，网络管理员既能像在 Windows XP 系统中那样直接从控制面板窗口中访问自带防火墙的用户配置界面，又能从 MMC 控制台中对自带防火墙的各项高级功能进行配置。用好 Windows Server 2008 系统自带的防火墙程序，可以有效保护本地服务器系统的安全。

配置 Windows 防火墙的基本步骤是：

步骤 1：使用“初始配置任务”页面配置防火墙。在窗口中找到“自定义此服务器”，点击“配置 Windows 防火墙”（也可以通过控制面板进入），如图 2-24 所示。

步骤 2：一般情况下“Windows 防火墙”是打开的，只需要设置例外即可，在这里把“DFS”和“NFS”设置为例外，然后点击“确定”按钮，如图 2-25 所示。

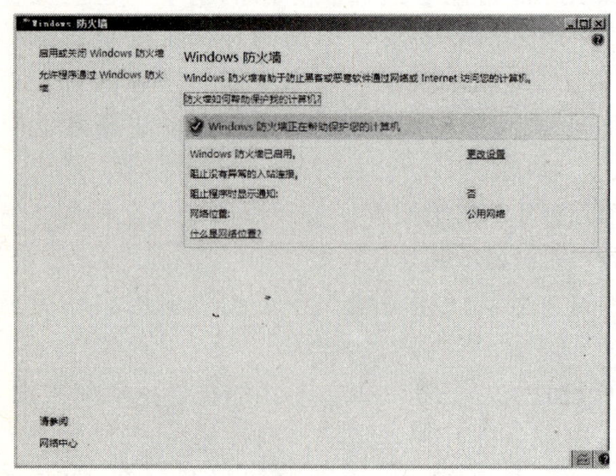

图 2-24　更改防火墙设置

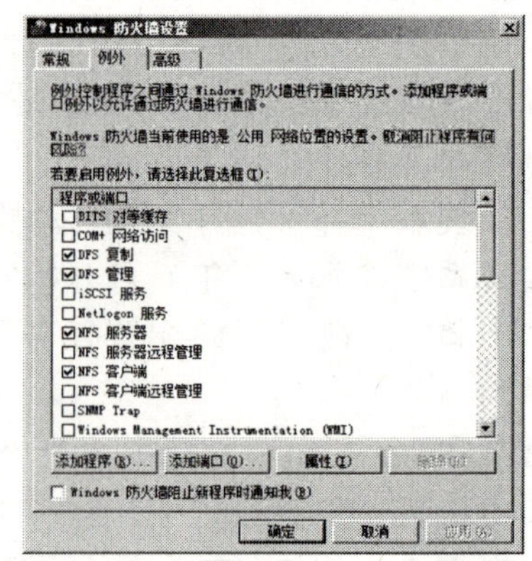

图 2-25　Windows 防火墙设置

以上是一个简单的 Windows 防火墙设置实例，具体该如何设置例外，管理员可以根据网络实际运行环境为服务器系统定义多种不同的安全配置，并且每一种配置都是相对独立的。

2.2.3 能力扩展

在 Windows Server 2008 服务器系统中，可以有两种方式进入防火墙的 Windows 配置界面，不过这两种配置界面的内容却是不一样的，从系统控制面板窗口进入的防火墙配置界面属于基本界面，这种界面往往适合初级用户使用。

从 MMC 控制台中进入的防火墙配置界面属于高级界面，这种界面适合高级用户使用。高级用户可以在这里控制服务器系统的数据流入和流出能力。具体步骤是：

步骤 1：单击“开始”菜单，点选“运行”命令，在弹出的系统运行文本框中，输入命令“mmc.exe”，单击“Enter”键后打开服务器系统的控制台窗口。

步骤 2：添加高级安全 Windows 防火墙管理单元，如图 2-26 所示。

步骤 3：打开 Windows 防火墙管理单元，如图 2-27 所示，显示了当前服务器的防火墙访问规则。一般来说，管理员主要是根据网络以及安全要求确定对数据的入站和出站操作限制，可以自己定义新的安全规则，也可以修改原有的安全规则，以达到保护系统安全的目的。

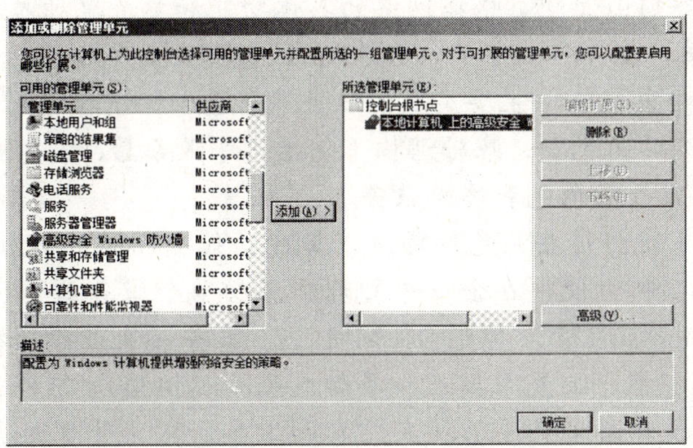

图 2-26 添加高级安全防火墙管理单元

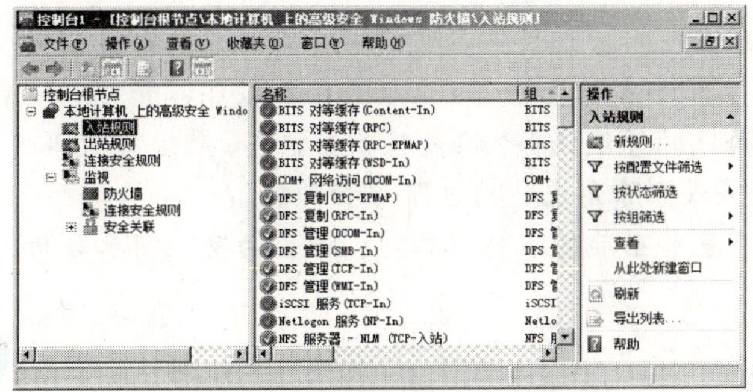

图 2-27 高级防火墙设置界面

2.3 任务 3–系统角色与功能的配置

2.3.1 任务背景与分析

在 Windows Server 2008 系统安装完成后，管理员发现很多网络服务并没有直接提供，并且在安装过程中，也无服务的安装选项，没有这些服务，管理员无法实施网络信息资源的发布，那么管理员该如何在 Windows Server 2008 中添加服务和设置服务功能呢？

任务分析

安装时没有安装选项不代表系统不支持这些服务，实际上，这恰恰是 Windows Server 2008 系统配置的特点，也就是将服务模块化。系统安装过程结束后，只是提供了一个服务的基础平台，具体服务则由管理员根据网络的具体功能和要求单独添加或删除。

相对于以前的版本，Windows Server 2008 在服务提供上更加灵活和方便。一般而言，Windows Server 2008 中包括 3 种主要类别的服务器角色：标识和访问管理（作为活动目录 Active Directory 一部分的角色）、基础结构（包括文件服务器、打印服务器、DNS 等）以及应用程序（如 Web 服务器角色和终端服务）。

而服务器管理器正是为这些角色的添加、删除、维护而生。Windows Server 2008 新的“服务器管理器”控制台使得在企业中管理和保护多个服务器角色变得更为容易。它在本质上是扩展的 Microsoft 管理控制台（MMC）。服务器管理器代替了 Windows Server 2003 中包含的管理服务器、配置服务器和添加或删除 Windows 组件等功能。利用它可以实际查看和管理影响服务器生产率的所有信息和工具。它为管理服务器的标识和系统信息、显示服务器状态、确定服务器角色配置问题以及管理在服务器中安装的所有角色提供了单一来源。

利用“服务器管理器”，管理员可以完成：查看和更改服务器上安装的服务器角色和功能；执行特定于服务器的管理任务，如启动或停止服务、管理本地用户账户等；执行特定于服务器上所安装角色的管理任务；检查服务器状态、确定关键事件以及分析配置问题；使用 GUI 或命令行安装或删除角色、角色服务和功能。

配置一台服务器角色和功能的工作流程是：服务与功能需求分析→规划→添加角色或功能→简单配置。

2.3.2 任务实施 1–添加服务器角色

Windows Server 2008 系统安装结束后，实际仅是提供了一个网络系统平台，具体承担何种服务器角色，则允许管理员通过添加或删除服务器角色来实现。系统提供了多种服务器角色供管理员选择。下面，以在服务器上添加“文件服务器”为例来说明服务器角色的添加的操作流程。其步骤是：

步骤 1：点击“开始”→“管理工具”→“服务器管理器”，进入服务器管理器窗口，如图 2-28 所示。

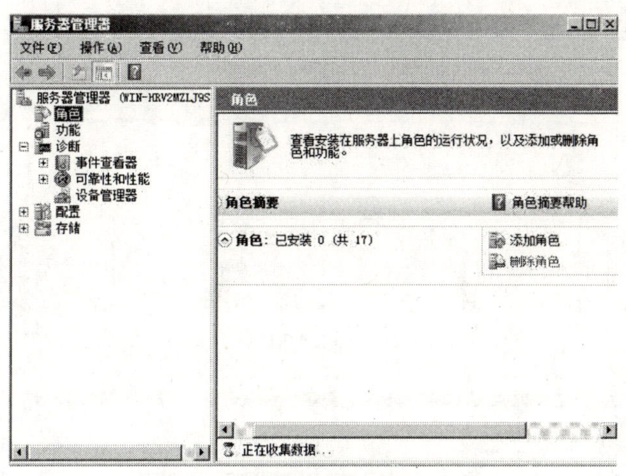

图 2-28　服务器管理器窗口

步骤 2：点击“添加角色”就出现添加角色任务向导，选择“文件服务”项，点击“下一步”按钮，如图 2-29 所示。

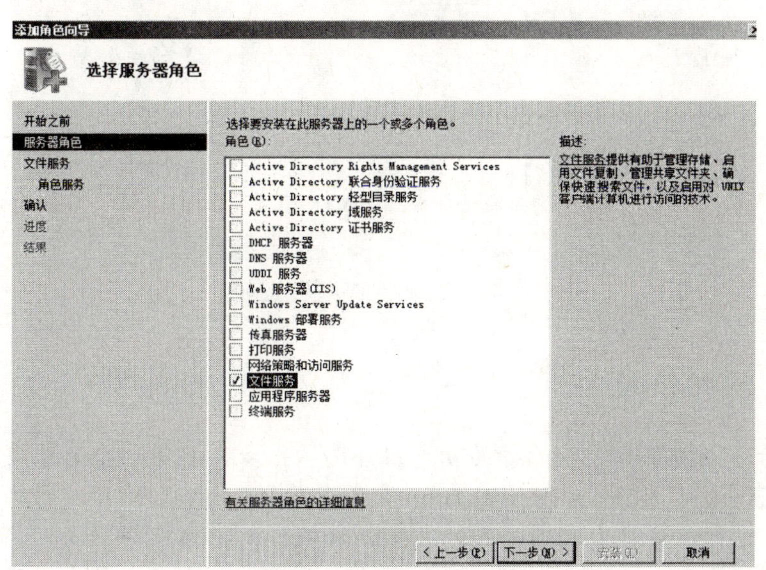

图 2-29　添加服务器角色

步骤 3：认真阅读系统提示的“文件服务”的相关说明，如图 2-30 所示。

步骤 4：设置文件服务角色选项，如图 2-31 所示，不难看出，服务器管理器自动将服务的配置过程加入了其中。

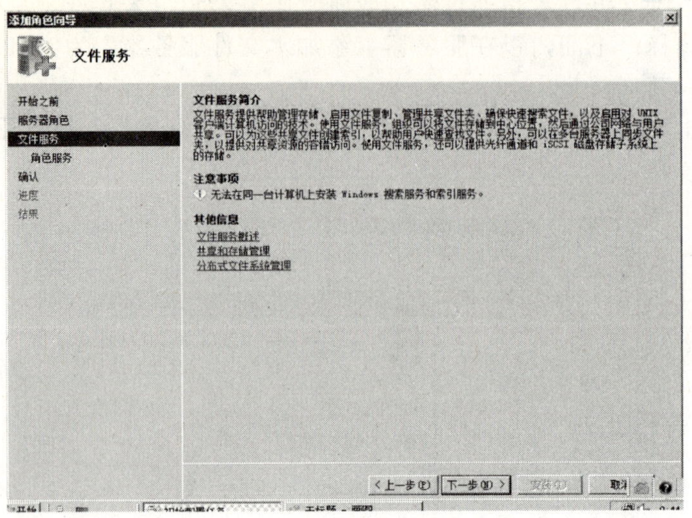

图 2-30 文件服务介绍

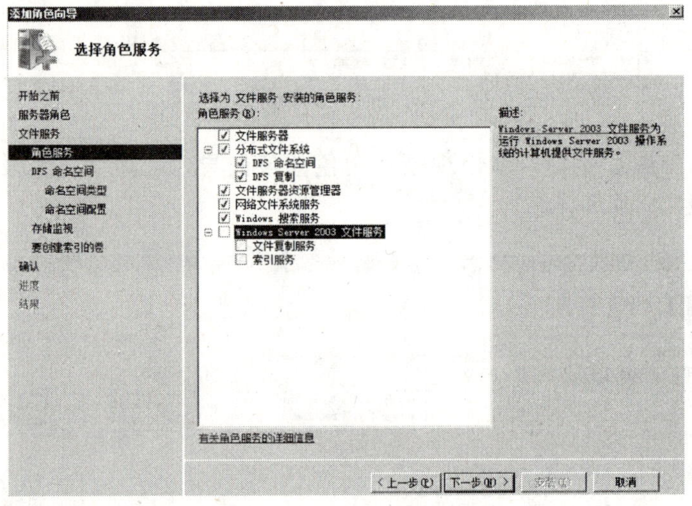

图 2-31 选择文件服务选项

技能提示

根据提示，文件服务可以选择的相关组件选项很多，其中一个选项是“网络文件系统服务”，也就是说 Windows Server 2008 集成了兼容 Linux/UNIX 的网络文件共享服务——NFS。“Windows 搜索服务”和“Windows Server 2003 文件服务”不能同时选择，因为同为索引服务的二者分别是系统的新功能和兼容老版本的文件索引服务。

步骤 5：完成设置，系统会要求再次确认安装选择，如图 2-32 所示，确认无误后点击“安装”按钮就可以开始安装。整个添加服务器的向导十分简便，这和系统安装过程保持了一致的风格。

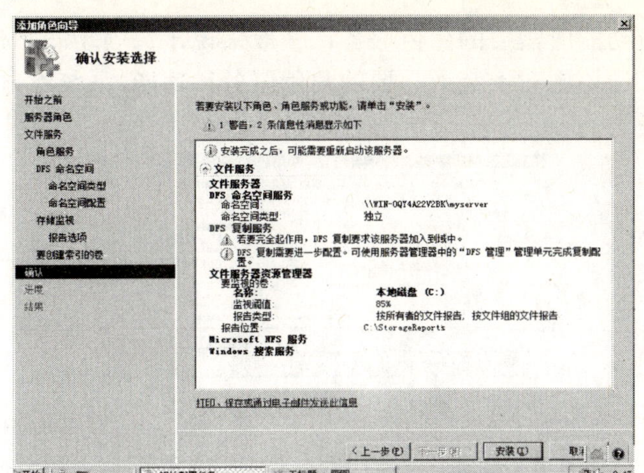

图 2-32　确认安装选择

安装好文件服务器之后，会发现管理工具菜单增加了一项“共享和存储管理”菜单，可以通过其来配置文件服务器。这样，一个文件服务器角色的添加就结束了。

不难看出，相对以前版本由于采用最新的服务器管理器，系统服务角色的配置界面变得统一，服务管理更加模块化，安全性有了很大提高。管理员完全可以根据系统服务的需要定制不同的服务角色模块，实现各种服务功能。

2.3.3　任务实施 2–添加系统功能

在系统角色添加完成后，管理员可以继续完成系统功能的添加，Windows Server 2008 系统除了各种服务器角色以外，还提供多种网络服务功能。下面以添加“.NET Framework”功能为例介绍如何添加和配置系统功能。详细步骤是：

步骤 1：进入“服务器管理器”，在该窗口中点击“功能”，并点“添加功能”，出现如图 2-33 所示的画面。选择“.NET Framework 3.0 功能”。

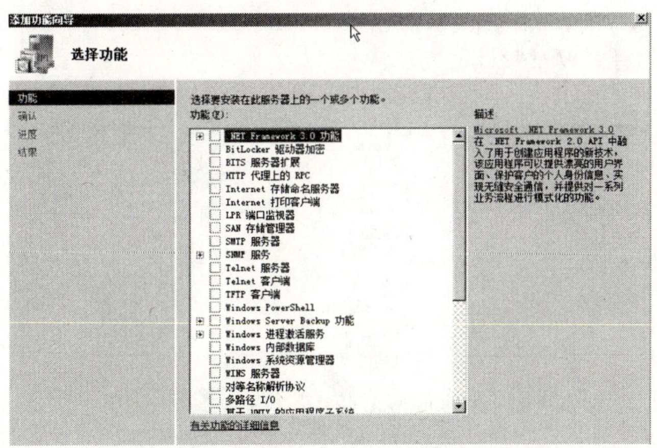

图 2-33　系统功能添加

步骤 2：确定该功能所需要的角色服务，一般来说，每项功能不是独立运行的，在配置某项功能的时候还应该同时安装所需要的角色服务和功能，系统将自动判别并提示安装，如图 2-34 所示。

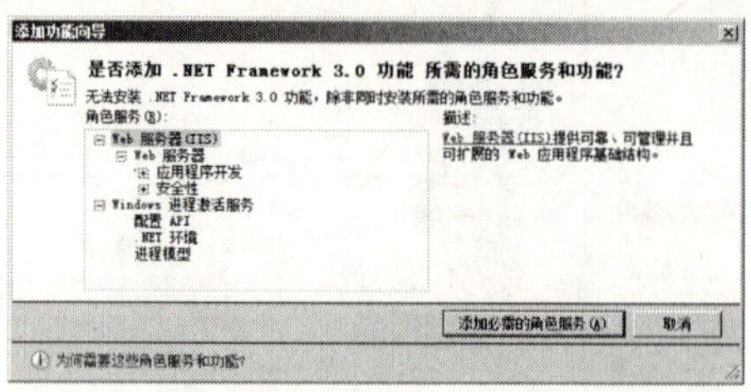

图 2-34 功能选项设置

步骤 3：添加 Web 服务器，既然系统功能需要 IIS 服务支持，则根据提示自动添加 Web 服务，如图 2-35 所示。

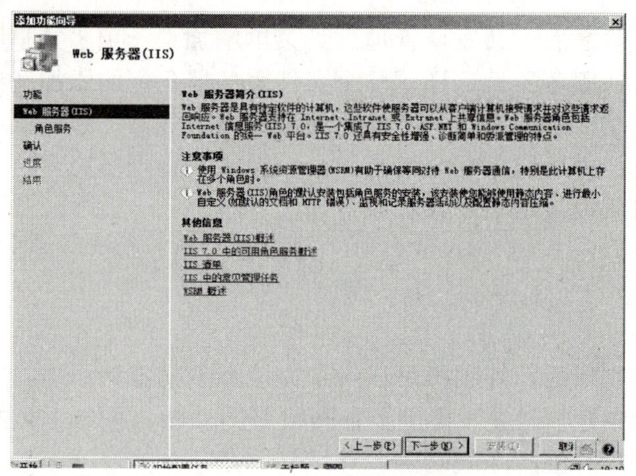

图 2-35 添加 IIS 服务器

步骤 4：确认 Web 服务配置，根据提示，选择主要服务选项，如图 2-36 所示。

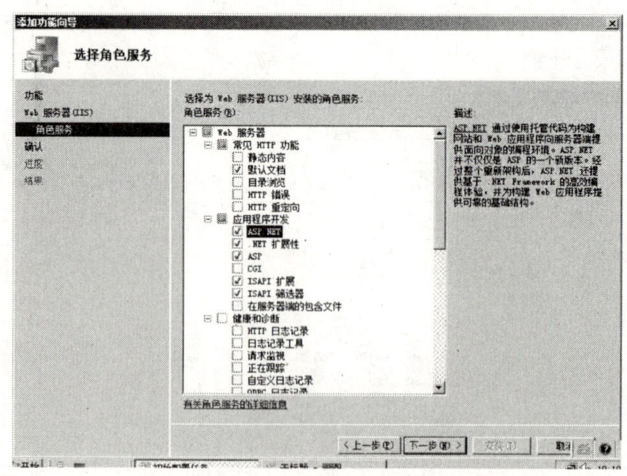

图 2-36 确认 IIS 服务角色配置

步骤 5：确认安装内容，单击“安装”按钮，完成安装，如图 2-37 所示。

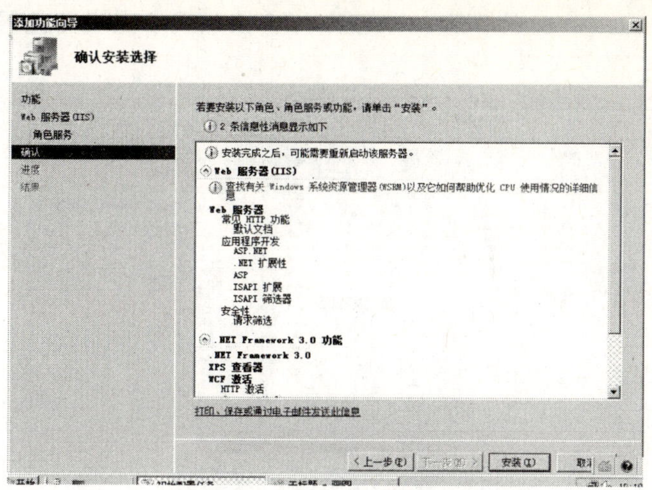

图 2-37　确认最终安装内容

这样，一个系统功能安装就结束了，从安装过程可以看出，系统角色和功能配置是相互关联的，每种系统角色和功能在其运行时都要关联一些相应的角色服务和功能，管理员可以根据具体实际选择安装配置，完成功能的添加和管理。

通过上述任务的完成不难看出，Windows Server 2008 提供了更加安全和灵活的模块化网络服务角色和功能管理。这样的好处是，管理员完全可以根据网络选择需要的模块，这样就不必安装那些可能带来安全隐患的网络服务模块，节省了网络资源，提供了更安全可靠的运行环境。

2.3.4　能力扩展

系统服务角色和功能的添加结束后，如果在运行中发现一些服务角色和功能已经不需要了，那么如何停止这些服务呢，主要方法是：

1．在控制面板中的管理工具中的服务中停止对应的服务

基本步骤是：

步骤 1：进入“服务器管理器”。

步骤 2：在“服务器管理器”窗口，点击“配置”→“服务”。

步骤 3：在服务列表中，找到要停止的服务，右击该服务，在快捷菜单中点击“停止”，系统将自动停止相关服务，如图 2-38 所示。

当然，管理员也可以通过服务器管理器中的“角色”和“功能”来停止相关服务，如图 2-39 所示。选中要停止的系统服务，点击右侧的“停止”就可以了。

2．在服务器管理器中删除具体的角色和功能

对已经有的功能和角色服务在不需要的时候删除，也是一种比较直接的方法。其步骤是：

步骤 1：进入“服务器管理器”。

步骤 2：在“服务器管理器”窗口，点击“角色”，展开后，选取相关的服务名称。

步骤 3：在右侧窗口，选择“删除角色服务”，按照提示完成角色服务删除，如图 2-40 所示。

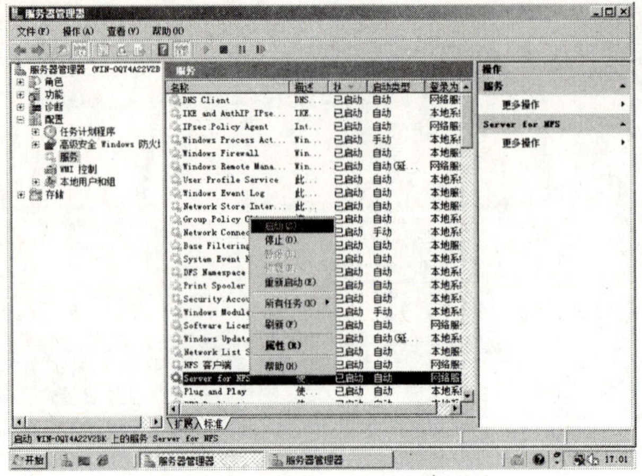

图 2-38　服务管理窗口

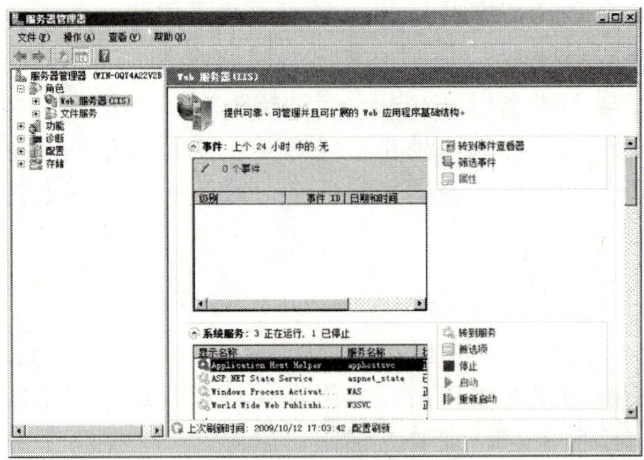

图 2-39　停止服务

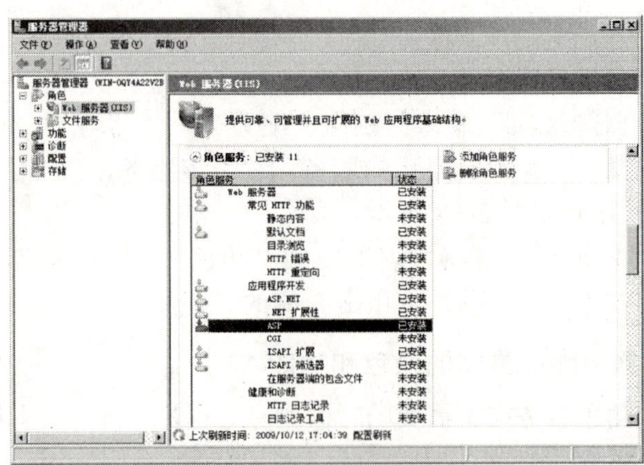

图 2-40　删除角色服务

2.4 拓展强化训练

1. 知识复习

1）Windows Server 2008 有几种安装版本？

2）Windows Server 2008 能提供的网络服务主要有哪些？

3）有几种可以进入防火墙设置的方法，区别是什么？

2. 能力训练

1）在虚拟机下完成 Windows Server 2008 企业版的安装（关于虚拟机的使用，详见附录）。

2）安装结束后，完成对该系统进行基本设置，主要完成以下操作：

① 网络参数设置为 C 类 IP 地址，地址划分可自行确定。

② 设置开启防火墙，并掌握通过 MMC 控制台进入防火墙高级设置的方法。

③ 设置系统升级更新时间为每天中午 12 点。

3）网络服务功能添加。

① 在系统上添加以下角色：DHCP 服务器、DNS 服务器、Web 服务器。

② 在系统上添加 SMTP 服务器、Telnet 服务器以及 Windows Server backup 功能。

第3章
活动目录与用户管理

活动目录（Active Directory，AD）是微软从 Windows 2000 Server 开始引入的一种集成管理技术，其目的在于为网络提供有效、灵活的信息管理。

本章从活动目录的概念开始介绍，然后详细讲解 Windows Server 2008 活动目录的安装要求，最后结合实例介绍 Windows Server 2008 活动目录管理以及用户和组管理的步骤与方法。

学习目标

知识要求：

了解 Windows Server 2008 活动目录的作用和工作流程

岗位职业能力目标：

1）掌握活动目录的作用结构及基本概念
2）掌握建立域控制器的方法和步骤
3）掌握如何通过客户机登录到域控制器
4）掌握对域用户账户和组的管理
5）掌握组织单位的创建及管理

3.1 任务1–了解域和活动目录知识

活动目录的结构是一种树状层次结构视图，如图3-1所示的活动目录结构为用户和管理员查找、定位对象提供了极大的方便。活动目录中包括：组织单位（Organizational Unit，OU）、域、域树、域林、域控制器、用户、用户组等。下面将分别予以介绍。

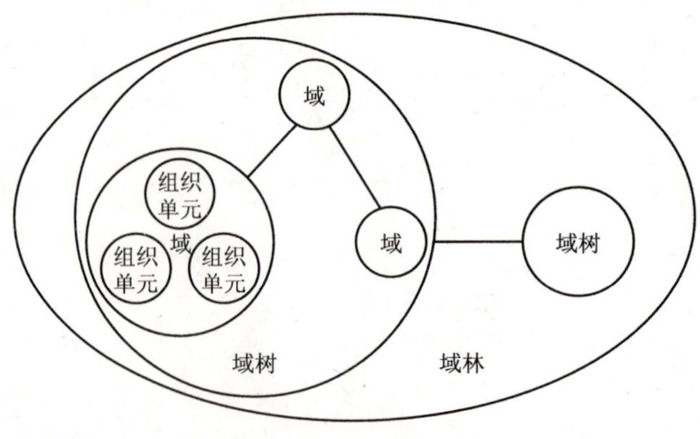

图3-1 活动目录结构

（1）组织单位（OU） 也称组织单元，是用户、组、计算机和其他对象（也可以包含其他的组织单元）在活动目录中的逻辑管理单位。OU 可以包含各种对象，比如用户账户、用户组、计算机、打印机，甚至可以包括其他的 OU。

（2）域（Domain） 域是网络中对计算机和用户的一种逻辑分组。在活动目录中，域是一个或多个组织单元管理单位，是一个网络安全边界。

（3）域树 域树由多个域组成，这些域共享同一个表结构和配置，形成一个连续的名字空间。树中的域通过双向信任关系连接起来。

域树中的域层次越深级别越低，一个“.”代表一个层次，如 kc.mywin2008.cn 就比 mywin2008.cn 这个域级别低，因为它有两个层次关系，而 mywin2008.cn 只有一个层次。层次低的称为子域，层次高的称为父域。图 3-2 所示为域树实例。

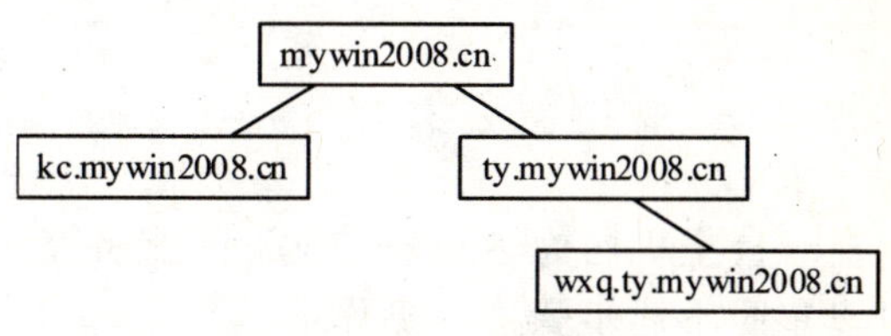

图 3-2 域树实例

（4）域林 域林是指一个或多个没有形成连续名字空间的域树。域林中的所有域树共享同一个表结构、配置和全局目录。

（5）域信任关系 两个域之间可以存在双向信任的关系：对于这两个域的用户来讲好比是忽略了域的概念，每一方均可利用对方的资源。

知识补充

域树中的域是通过双向可传递的信任关系连接在一起的。由于这些信任关系是双向而且是可传递的，因此在域树或域林中新创建的域可以立即与域树或域林中其他的域建立信任关系。这些信任关系允许单一登录过程，在域树或域林中的所有域上对用户进行身份验证，但这不一定意味着经过身份验证的用户在域树的所有域中都拥有相同的权利和权限。因为域是安全边界，所以必须在每个域的基础上为用户指派相应的权利和权限。

（6）用户 在使用连网的计算机时，有一个代表“身份”的名称，在计算机中称为用户。计算机中的用户分为本地用户账户和域用户账户。

（7）用户组 用户组是把多个用户统一起来进行管理。根据所管理的用户不同，分为本地用户组和域用户组。

3.2 任务 2–建立域控制器

3.2.1 任务背景与分析

任务背景

某企业网络的规模在不断扩大，采用原来的工作组模式已经明显不能满足管理需求。管理员发现，采用工作组模式，网络资源的访问由于分布比较散，用户很难找到需要的资源，此外，安全性也不能保证，那么，管理员应如何解决上述问题呢？

任务分析

对于规模相对较大，并且对安全性有一定要求的网络来说，可以采用域控制器模式。针对此类问题，Windows Server 2008 提供了活动目录服务功能。活动目录拥有集成式统筹管理能力，它的域控制器类似于“网络库房管理员”，能管理所有的网络访问，包括登录服务器、访问共享目录和资源。

其工作流程是：规划活动目录→安装活动目录→建立域→建立组织单元→规划用户和组。

3.2.2 任务实施–安装活动目录

在一台主机名为 Server 2008 的服务器上安装活动目录可以参照下述步骤进行操作：

步骤 1：为完成该任务，首先应设置服务器 IP 地址。鼠标右键单击桌面“网络”图标，选中“属性”，在弹出的对话框中选择“任务”列表的“管理网络连接”选项，出现“网络连接”对话框，右键单击“本地连接”图标选择“属性”，在如图 3-3 所示的“本地连接”属性窗口中选择“Internet 协议版本 4（TCP/IPv4）”，单击“属性”按钮。

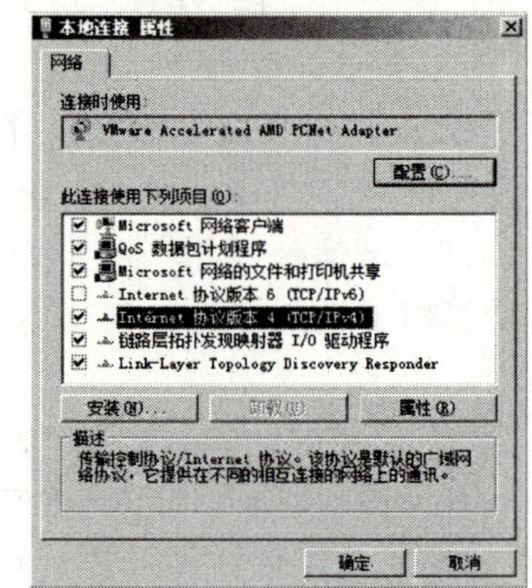

图 3-3 本地连接 属性

步骤 2：在 IP 地址设置对话框中设置 IP 地址及 DNS 服务器地址，因为是安装活动目录，所以二者要一致，完成后按“确定”按钮。（详细设置可参考本书第 2 章相关步骤操作）

步骤 3：安装 DNS 服务器。依次选择“开始”→“管理工具”→“服务器管理器”→“角色”→“添加角色”，弹出“添加角色向导”对话框。

步骤 4：单击“下一步”按钮，在“DNS 服务器”选项上打对号（见图 3-4），继续选择“下一步”，直到完成 DNS 服务器安装。

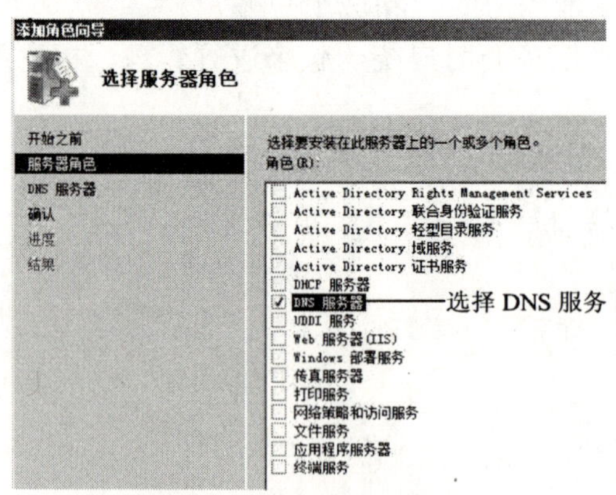

图 3-4 选择服务器角色

步骤 5：安装活动目录。如图 3-5 所示继续添加角色，完成“Active Directory 域服务”的安装。

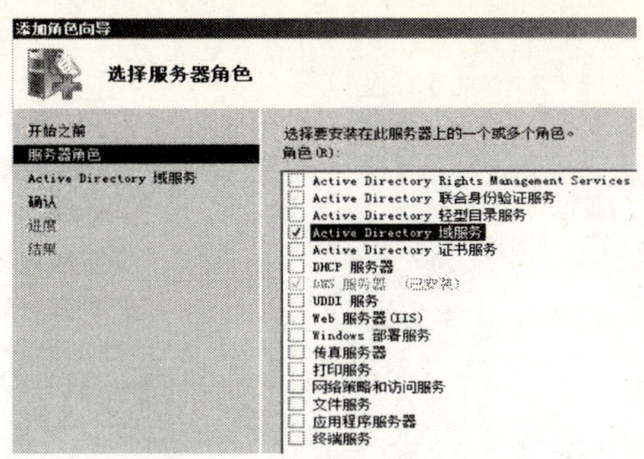

图 3-5　添加活动目录角色

步骤 6：安装结束后，只是启动了活动目录的域服务，并未将 Windows Server 2008 作为域控制器运行。如图 3-6 所示在“开始”菜单的运行对话框里输入“dcpromo”后回车，运行 Active Directory 域服务安装向导。

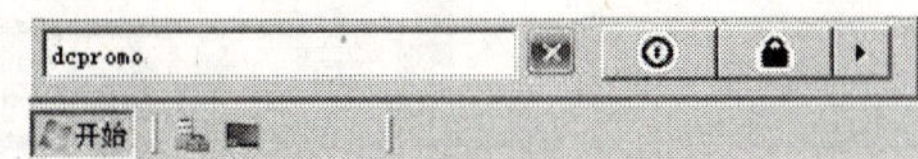

图 3-6　域服务安装

步骤 7：在如图 3-7 活动目录域服务安装向导中，选择“使用高级模式安装”选项，按“下一步”按钮继续。

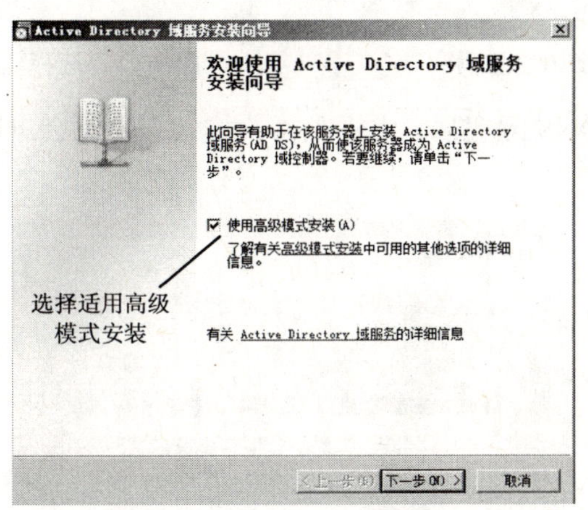

图 3-7　域服务安装向导

步骤 8：在如图 3-8 所示的对话框中选择“在新林中新建域”。

步骤 9：选择“下一步”后，在如图 3-9 所示的对话框中命名林根域为“mywin2008.cn”。

步骤 10：在系统经过检查目录林根级域名称合法后，继续设置域 NetBIOS 名称，如图 3-10 所示。

步骤 11：选择“下一步”，由于活动目录给出的功能级别选择，只能向高版本提升功能级别，不能降级，因此在如图 3-11 所示的林功能级别及随后的域功能级别对话框中，选择功能较为完善而且版本不是最高的“Windows Server 2003”。

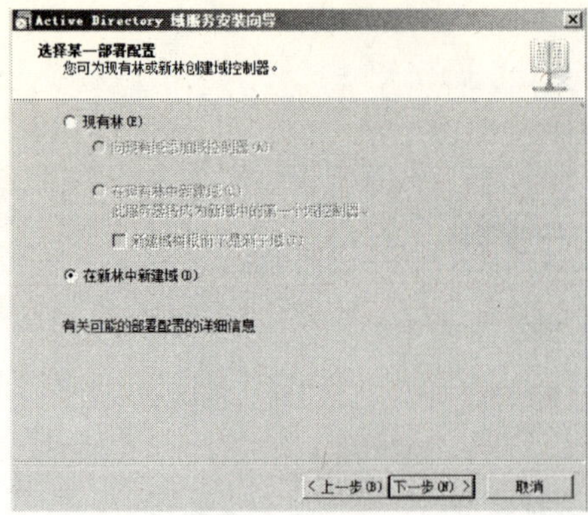

图 3-8 新建域

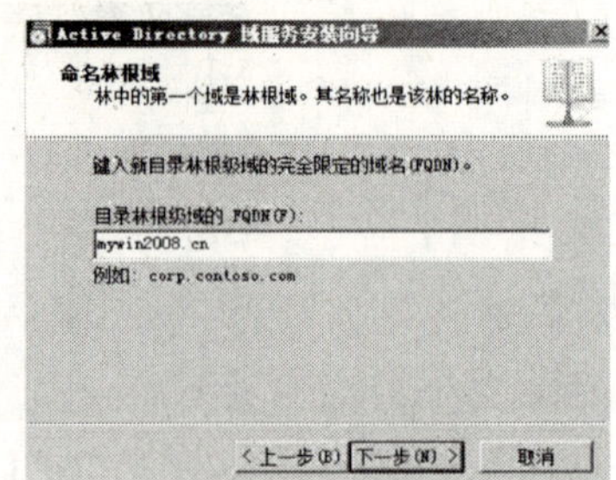

图 3-9 命名林根域

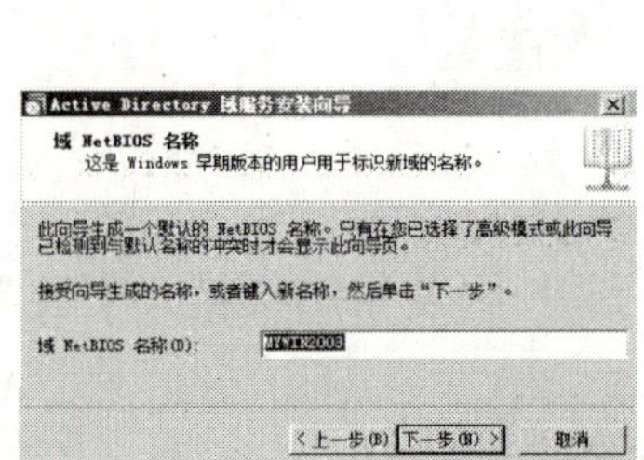

图 3-10 域 NerBIOS 名称

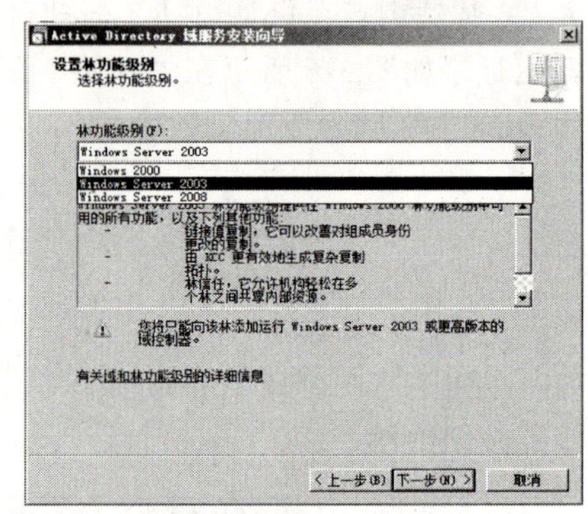

图 3-11 选择林功能级别

步骤 12：在检查完 DNS 配置后，由于是首次安装，因此会出现如图 3-12 所示的提示，选择“是”继续。

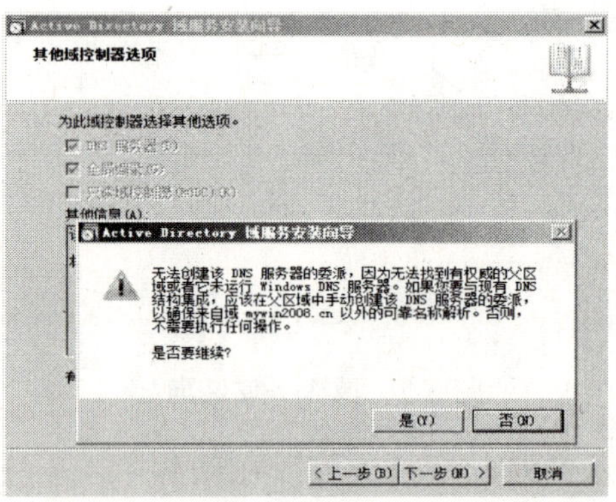

图 3-12 判断提示

步骤 13：弹出如图 3-13 所示的对话框，设置该活动目录数据库，日志文件和 SYSVOL 存放位置参数，可以依据需要进行更改。

步骤 14：选择“下一步”，在如图 3-14 所示的窗口中设置目录服务还原模式的管理员密码，也就是系统管理员的登录密码。与 Windows Server 2008 的强制密码规则一样，密码要由大小写字母及数字组成，如：MYwin2008。

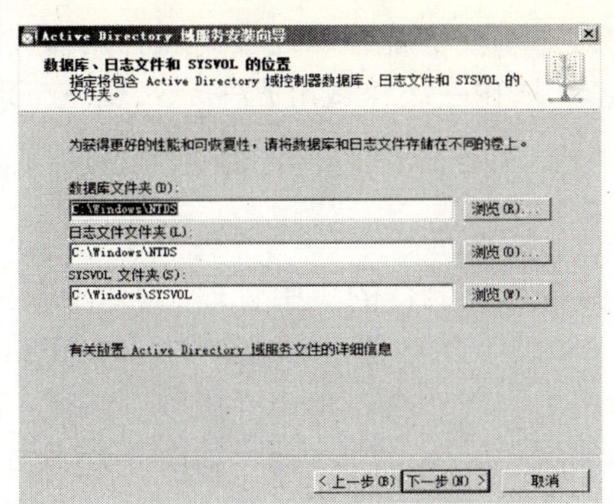

图 3-13　指定相应文件夹

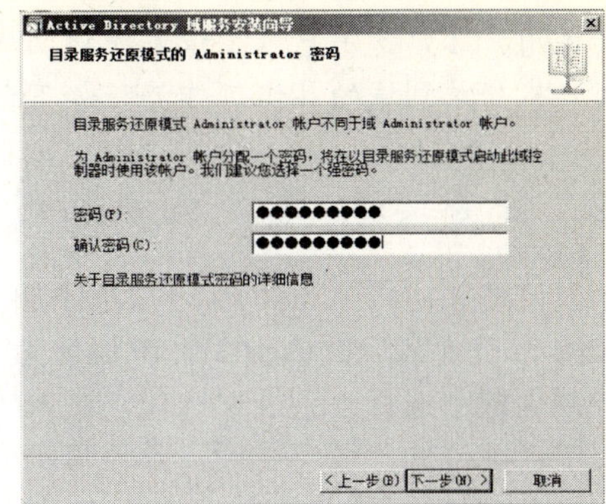

图 3-14　设置服务还原模式管理员密码

步骤 15：确认密码格式符合要求后，经过活动目录域服务安装配置，提示重启完成安装。

技能提示

如果在安装过程中出现“找不到指定文件”对话框的情况，请检查所安装的操作系统是否为正式激活版本，此情况大多是操作系统激活出错造成的。

3.2.3　能力扩展

卸载 Windows Server 2008 系统的域控制器，可以通过在“开始”→“运行”对话框中输入“dcpromo”进入域服务安装向导，单击“下一步”选择“删除该域”，继续选择“下一步”直到完成域控制器的卸载。

3.3　任务 3–从客户机登录域

3.3.1　任务背景与分析

任务背景

某企业网络的一台 Windows Server 2008 服务器已经安装并成为域控制器。那么网络中其他客户计算机怎样才能够访问服务器，访问网络资源呢？

任务分析

其他客户计算机需要通过设置其系统参数来实现对域控制器的访问。

域控制器建立的一个重要原因就是控制客户机对网络资源的访问，Windows Server 2008 网络操作系统提供的域控制器管理功能，能够接纳管理公司内部需要连接服务器的客户机的域用户账户。用户只要设置了访问域控制器的参数，就可以连接到域控制器。

客户机登录到域的具体工作流程如下：设置客户机IP→选择域用户→加入域→登录域。

3.3.2 任务实施–客户机登录到域

下面讲述如何将 Windows 客户机添加到域，接受域控制器的集中管理，具体步骤如下：

步骤1：设置客户机user03的IP地址为“192.168.0.3”，DNS服务器地址为“192.168.0.2”，并在控制面板中选择“系统”选项，进入“计算机名”对话框，单击“更改”按键，选择“隶属于”区域的“域”一项，并填写所要加入的域：mywin2008.cn，如图3-15所示。

步骤2：单击“确定”按钮，客户机将通过DNS服务器查询是否有域名为“mywin2008.cn”的域控制器存在，解析成功后出现“计算机名更改”对话框。需要在如图3-16所示的窗口中输入域账号名称和密码进行登录。此处的用户名可能与计算机user03的本地管理员用户名相同，但是并非是user03的管理员，而是域mywin2008.cn的域用户账户。

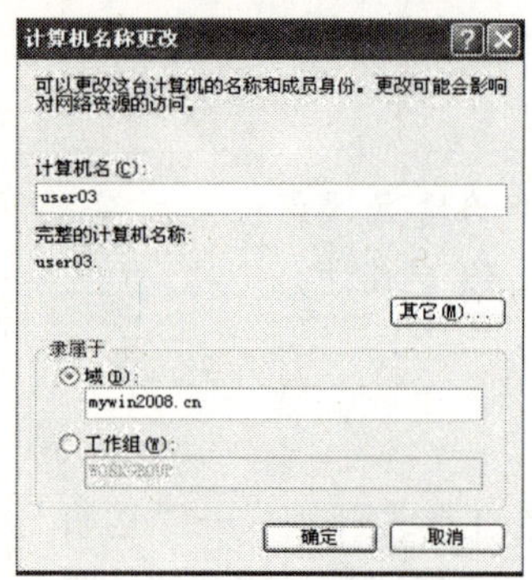

图3-15 设置隶属域

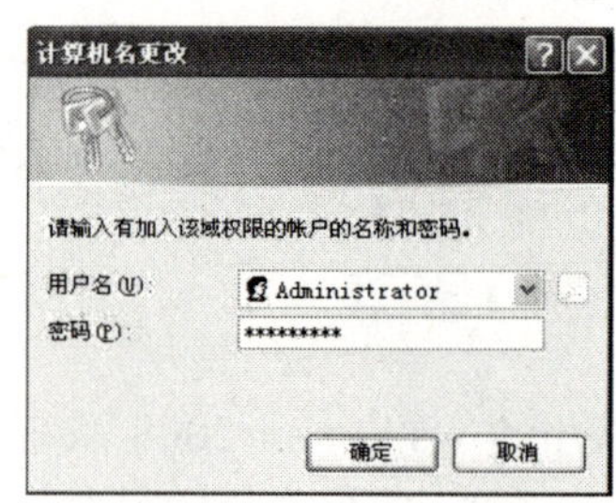

图3-16 计算机名更改

步骤3：在域控制器核实用户权限有效，客户机的设置得到认可后，显示计算机user03成功加入到域，如图3-17所示。

步骤4：客户机登录到域。重新启动计算机user03，进入到系统登录对话框，如图3-18所示，选择登录到域MYWIN2008（即域mywin2008.cn的域NetBIOS名称），输入有效的用户名及密码，成功完成登录。客户机要访问网络的资源，只要在“网上邻居”中查找“域”下各种服务器或者客户机提供的共享资源即可。

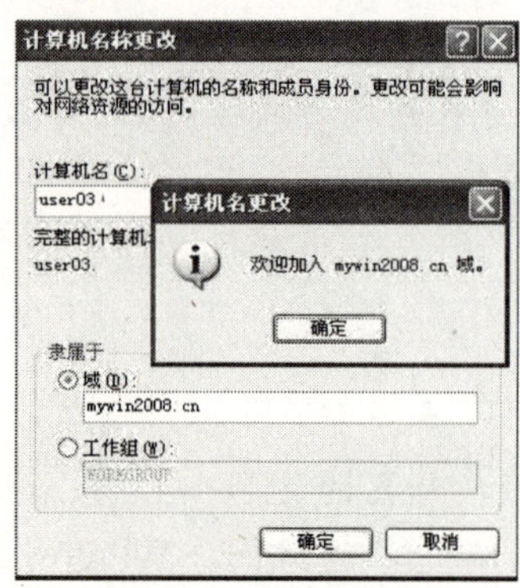

图3-17 成功加入域

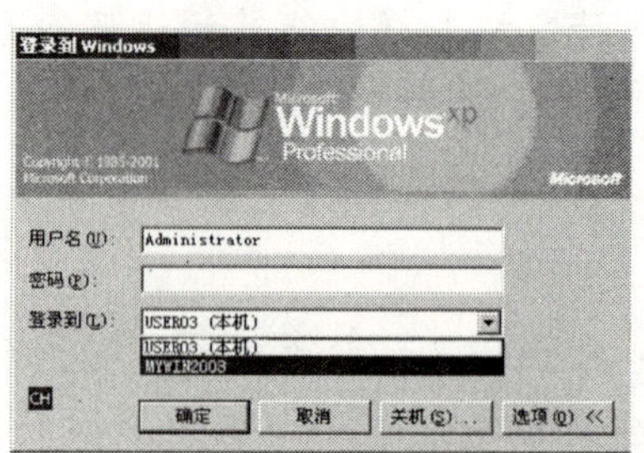

图3-18 登录到域

3.3.3　能力扩展

当客户机成功添加到域中后，管理员可以集中管理这些客户机，具体操作步骤如下：

步骤 1：在“管理工具”中的“Active Directory 用户和计算机”对话框下依次选择“mywin2008.cn”→“Computers”选项，此时右部区域显示了所有加入到域中的客户机，选择要管理的客户机并用鼠标右键单击，如图 3-19 所示。在弹出的菜单中可以进行下述操作：禁用账户、重设账户、移动该管理项到左边窗口下的不同的位置、对客户机进行远程管理、配置客户机的属性。

步骤 2：在菜单中选择“管理”选项，出现如图 3-20 所示的“计算机管理”对话框，可以对客户机进行综合管理。

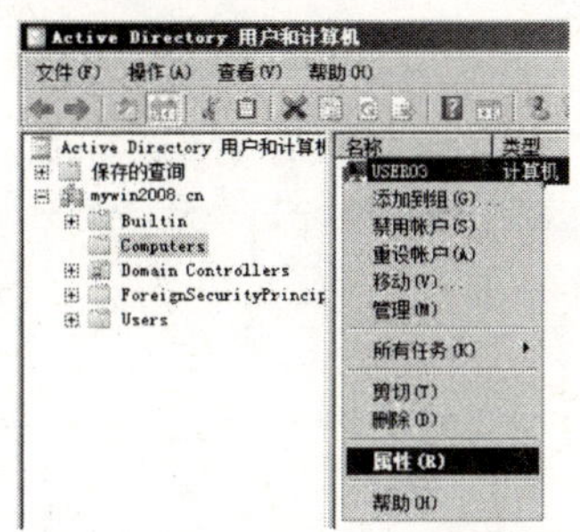

图 3-19　Active Directory 用户和计算机

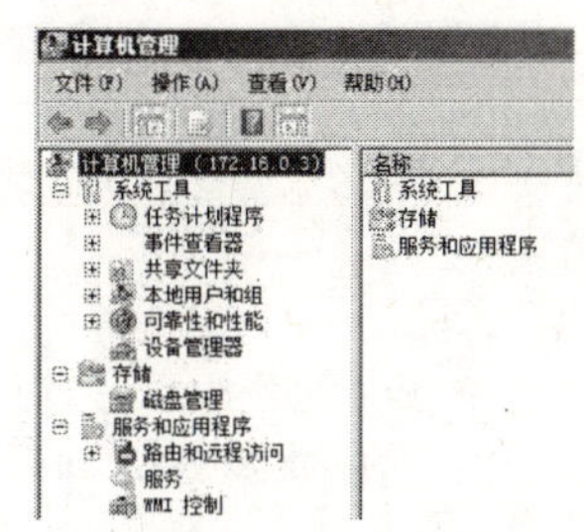

图 3-20　计算机管理

3.4　任务 4–管理用户账户

3.4.1　任务背景与分析

任务背景

某企业公司网络中的计算机用户很多，现在已经通过活动目录的模式进行管理，网络中可访问的资源已经通过域控制器进行了统一部署，但是由于公司各部门的用户权限不应该是一样的，对网络的访问时间和地点要求也不同，管理员需要有针对性地为不同用户提供不同的访问范围和安全等级，那么管理员应该如何操作呢？

任务分析

在客户计算机可以登录到域的前提下，管理员可以根据实际用户的情况去赋予用户权限，而这所有的操作都是在服务器域控制器下进行的。在基于活动目录管理的计算机网络中，需要为使用计算机的每个人创建一个用户，赋予网络中的计算机相应的网络权限，让服务器控制管理用户的账户。

具体的工作流程是：以管理员身份登录服务器→创建用户→设置用户密码→赋予权限。

3.4.2 任务实施–创建与管理用户账户

创建用户账户步骤如下：

步骤 1：以管理员用户账户 Administrator 登录服务器，从“管理工具”中运行“服务器管理器”。在“角色”中的“Active Directory 域服务”下选择域“mywin2008.cn”。其中的“Users”保存着域中的用户组和原来的用户名。展开“Users”，右键单击右侧的区域，或者直接在“Users”上单击鼠标右键，在弹出的菜单中选择“新建”命令，如图 3-21 所示。

步骤 2：在“新建”的下级菜单中选择“用户”，如图 3-22 所示“新建对象-用户”对话框。在对话框中输入将要创建的用户的几个基本信息：姓、名、姓名、英文缩写、用户登录名。在“姓名”后输入将要创建的用户名，如“user01”，在“用户登录名”下输入“user01”。

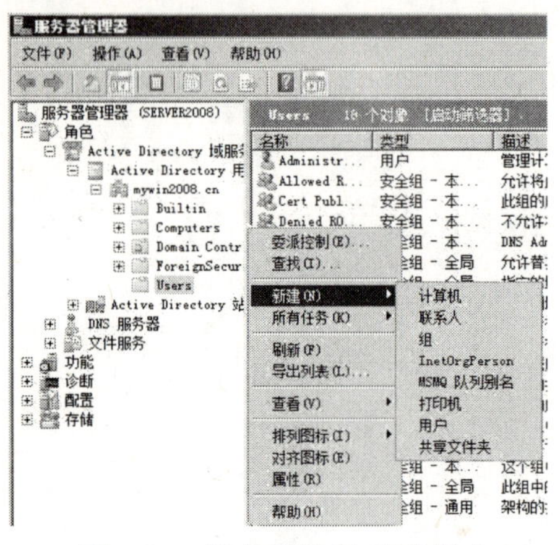

图 3-21　服务器管理-新建用户

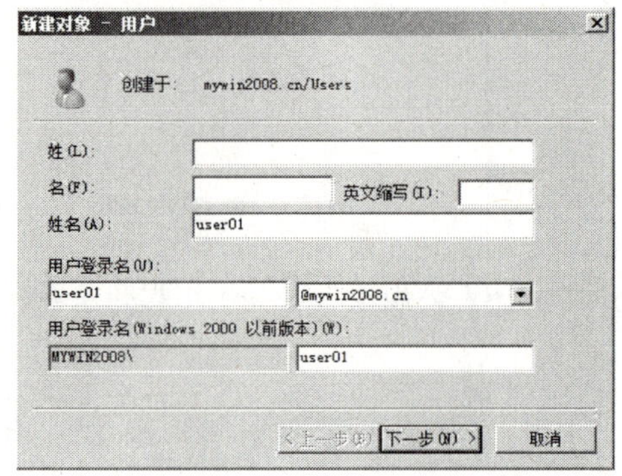

图 3-22　新建对象-用户

步骤 3：单击“下一步”按钮，显示设置密码与基本用户属性对话框，如图 3-23 所示。在“密码”和“确认密码”后面输入新创建的用户密码，与 Windows Server 2008 的密码规则一样，密码要由大小写字母及数字组成，如：MYwin2008。根据实际情况设置用户的密码登录属性为“密码永不过期”。单击“下一步”按钮，完成创建用户，如图 3-24 所示。

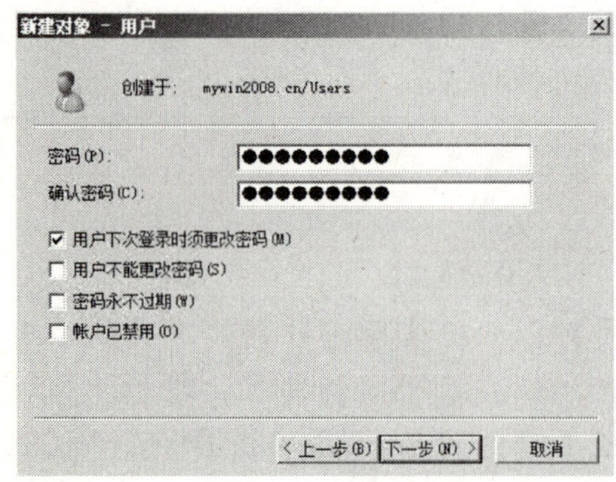

图 3-23　用户密码

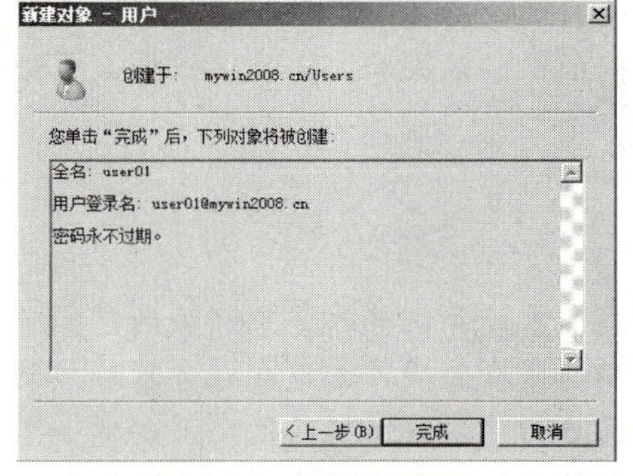

图 3-24　完成用户创建

步骤 4：如果设置的用户密码符合系统要求，单击“完成”后返回“Active Directory 用户和计算机”窗口。如果不符合要求，则会弹出如图 3-25 所示的对话框。此时单击“确定”按钮，返回到密码设置对话框，按 Windows Server 2008 强制密码要求重新设置密码。一般要注意密码的长度和复杂度，建议密码长度 8 位以上，由字母和数字混合组成。

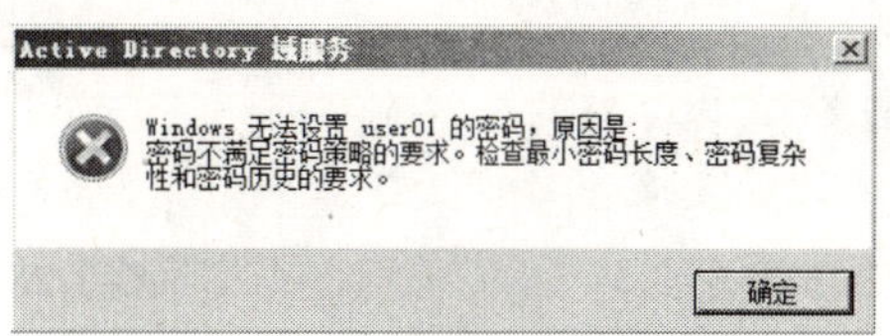

图 3-25　密码格式出错

知识补充

域用户账户除了具有“本地用户账户”的全部属性外，还具有一些其他属性，比如用户的地址信息、电话信息、单位信息等。还可以设置用户的登录时间、登录到的计算机等信息。管理员可以通过域控制器进行管理。

默认的情况下创建的用户可以在任意时间登录到网络上。为了管理的需要，也可以设置用户能登录到网络上的时间，使其职能在指定的时间内使用计算机。设置登录时间步骤如下：

步骤 1：选择一个用户 user01，进入用户属性对话框，如图 3-26 所示。

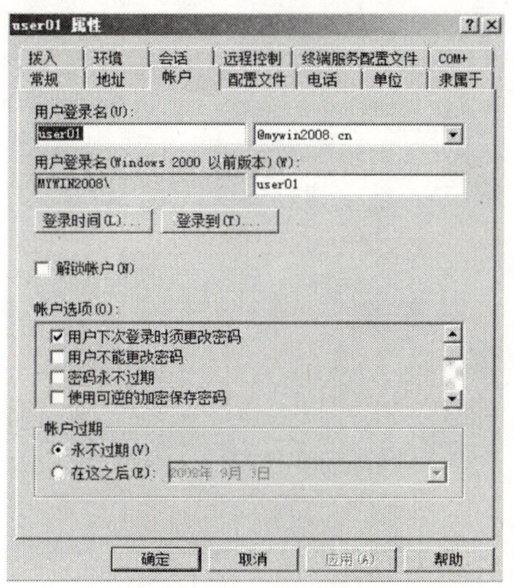

图 3-26　用户属性

步骤 2：单击选择“账户”选项卡，单击“登录时间”按钮，显示登录时间设置对话框，如图 3-27 所示。系统默认允许用户在任何时间登录。可以设置的登录时间是按星期日到星期六，每天 24 小时，每小时一个设置单位来划分，用鼠标选取时间单位，单击“允许登录”或“拒绝登录”设置登录时间。

如图 3-28 所示，用户 user01 被允许在每星期一至星期五的 8:00 到 18:00 以及星期六的 18:00 到 24:00 登录，其他时间被拒绝登录。

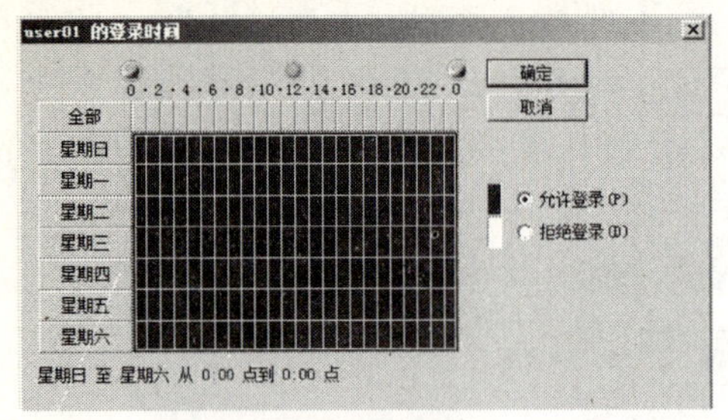

图 3-27　设置登录时间

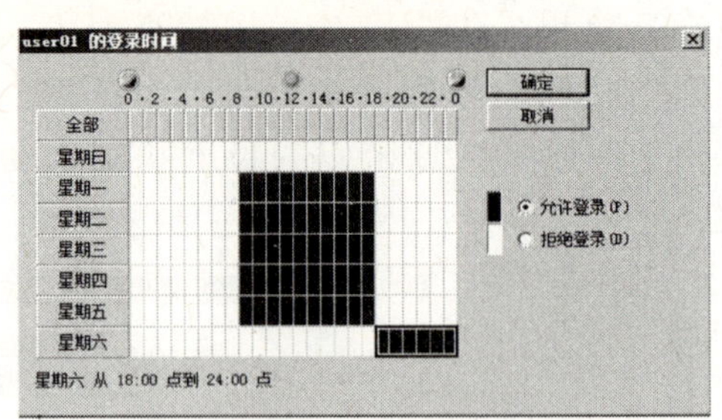

图 3-28　登录时间设置结果

在默认情况下，创建的用户可以登录到网络中的任何计算机上。为了管理或者其他的需要，也可以设置用户只能登录到指定的计算机上。设置登录到指定计算机的步骤如下：

步骤 1：在用户属性对话框中单击“登录到”按钮，将显示设置“登录工作站”对话框。如图 3-29 所示，默认用户“user01”可以登录到“所有计算机”。

步骤 2：选中“下列计算机”，然后在“计算机名”中输入此用户可以登录的计算机，如：user03，然后单击“添加”按钮添加到列表中。可以在列表中添加多台计算机，如图 3-30 所示。在添加完计算机后，单击“确定”按钮返回用户属性，再单击“确定”按钮返回主窗口。

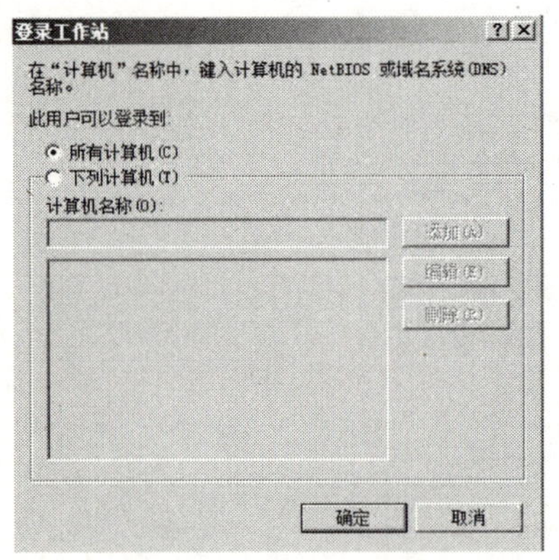

图 3-29　登录工作站

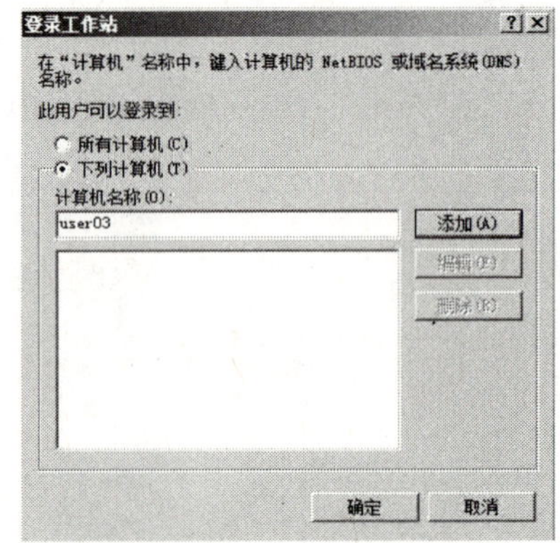

图 3-30　选择登录工作站

3.4.3　能力扩展

在“Active Directory 用户和计算机”管理窗口中，还可以对用户账户和组进行其他相关设置和管理。右键单击用户“user01”，弹出如图 3-31 所示的菜单，这里包括了管理员可以针对 user01 实施的相关操作。

（1）将用户添加到组　为方便管理，可以对具有相同权限或访问需求的用户归并到一个组里，选择“添加到组”命令，可以将用户添加到其他用户组中。

（2）禁用账户　选择“禁用账户”命令，一般用于临时限制某些用户访问网络。

（3）移动　选择“移动”命令，将会把用户移动到另一个组织单位（OU）中。

（4）复制　如果选择“复制”命令，系统将会按照选定的用户的属性，即其所属的用户组创建一个与其相同的用户，如图 3-32 所示“复制对象—用户”对话框。在里面输入新的用户名和登录名，单击“下一步”，设置好密码后，完成复制用户。注意，此时所复制的用户 user02 与原用户 user01 具有相同的权限和组。

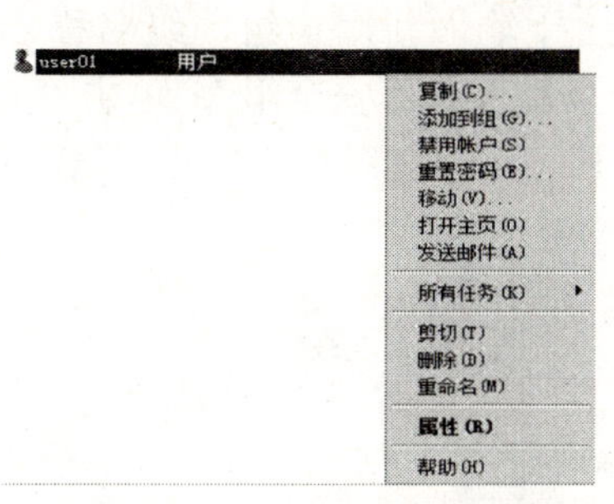

图 3-31　对域用户的操作

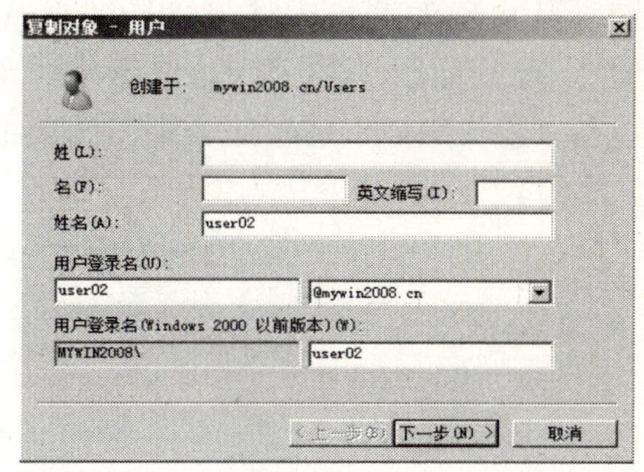

图 3-32　复制对象

（5）删除　选择“删除”命令，可以删除所选的用户。但是用户的权限也随之全部取消，不能恢复。

（6）重命名　选择“重命名”命令，可以更改用户的名称。

3.5　任务 5-管理组账户

3.5.1　任务背景与分析

任务背景

某企业网络的域控制器下建立了多个用户，但是域内的用户权限有的相同，有的不同，往往一个部门内的用户都拥有相同的权限。当设置用户权限的时候，如果管理员一个一个的去设置，则很麻烦。对于具有相同权限的用户群来说，这样操作显然是效率很低的，那么，管理员该如何解决此问题呢？

任务分析

Windows Server 2008 系统拥有针对用户进行分组的功能。管理员可以创建并管理组账户，通过添加组账户，将用户添加到用户组，通过设置用户组的权限来管理用户组中的用户。组中的用户自动可以继承分配给组的权限，因此，建立组账户是非常有效的管理手段。

管理组账户的工作流程是：新建用户组→命名用户组→添加组账户→设置组账户权限。

3.5.2 任务实施–创建与管理组账户

在把域用户账户加入到域用户组之前，首先要创建域用户组，步骤如下：

步骤 1：在“Active Directory 用户与计算机”中，在“Users”右侧的空白窗格中单击鼠标右键，从出现的菜单中选择“新建”→“组”。

步骤 2：打开如图 3-33 所示的“新建对象-组”对话框，输入新用户组的组名称 group01，然后分别在“组作用域”和“组类型”选项框中选择“全局”和“安全组”，单击“确定”按钮完成创建组。

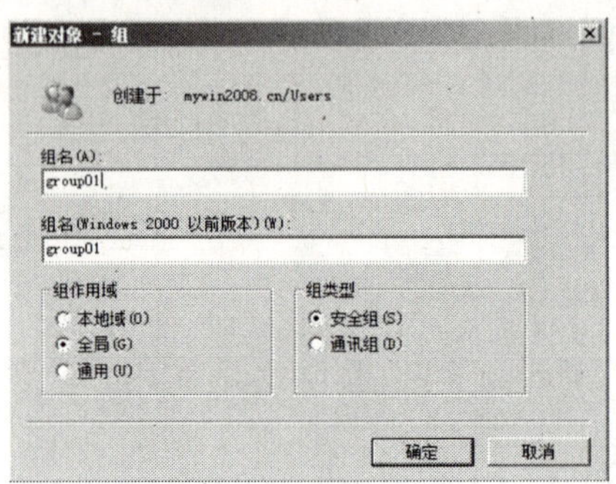

图 3-33　新建对象-组

当创建好新的域用户组后，开始在其中添加组账户，其步骤如下：

步骤 1：在“Active Directory 用户和计算机”管理窗口中右键单击“group01”，在弹出的菜单中选择“属性”。单击“成员”中的“添加”按钮，开始添加组账户，如图 3-34 所示。

步骤 2：在弹出的如图 3-35 所示的“选择用户、联系人、计算机或组”对话框中，单击“对象类型”按钮可以选择添加对象的类型。确定了对象类型后，在“输入对象名称来选择”下的框体内输入想要添加的账户名称“user01”，单击“检查名称”按钮。

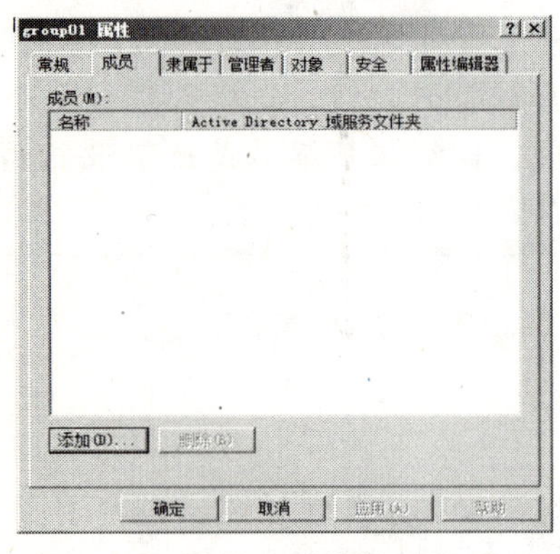

图 3-34　成员

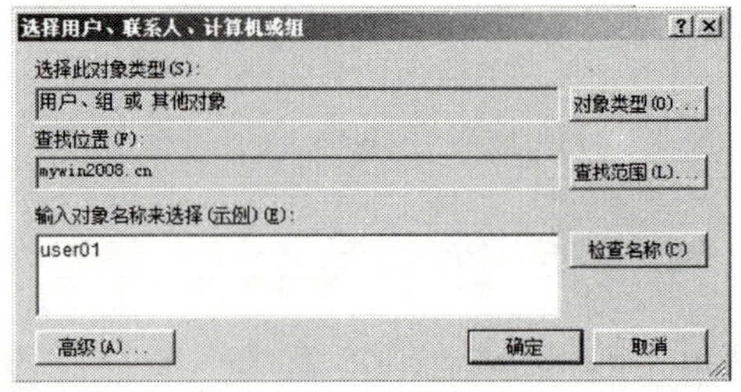

图 3-35　添加对象

步骤 3：得到系统确认无误后，显示出账户 user01 的全名信息如图 3-36 所示。单击“确定”按钮后回到“成员”列表，如图 3-37 所示，成员 user01 成功添加进组 group01。

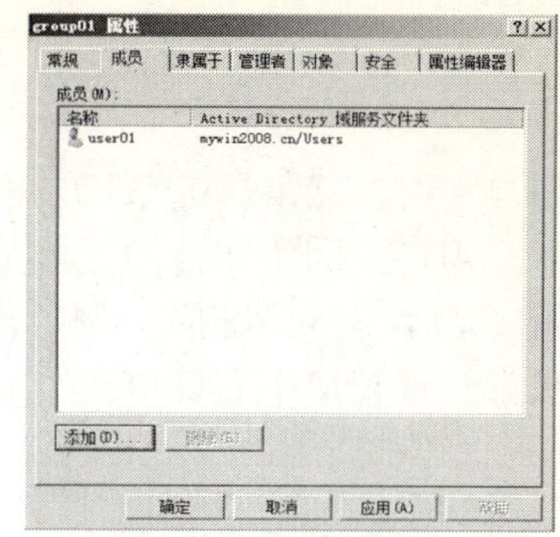

图 3-36　输入对象名称　　　　图 3-37　组成员被加入到组

如果管理域用户组账户，例如给 group01 组账户 user01 设置权限。步骤如下：

步骤 1：在组“group01”的属性窗口中选择“安全”窗口，如图 3-38 所示，显示组内已经分配权限的成员。

步骤 2：选择“高级”选项，弹出如图 3-39 所示的“group01 的高级安全设置”对话框。单击“添加”按钮重复与添加组账户相同的步骤，把账户 user01 添加进来。

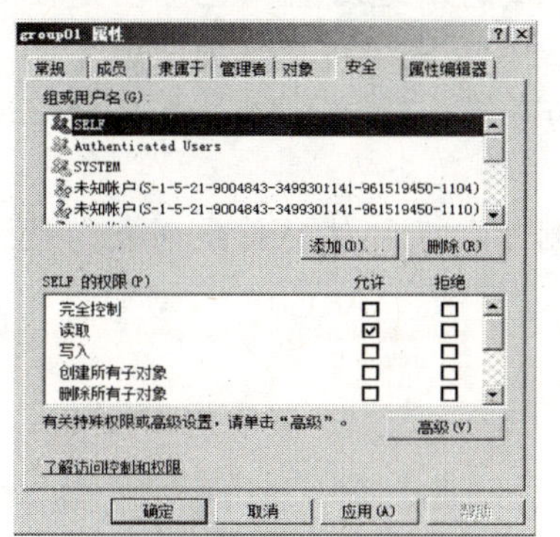

图 3-38　安全

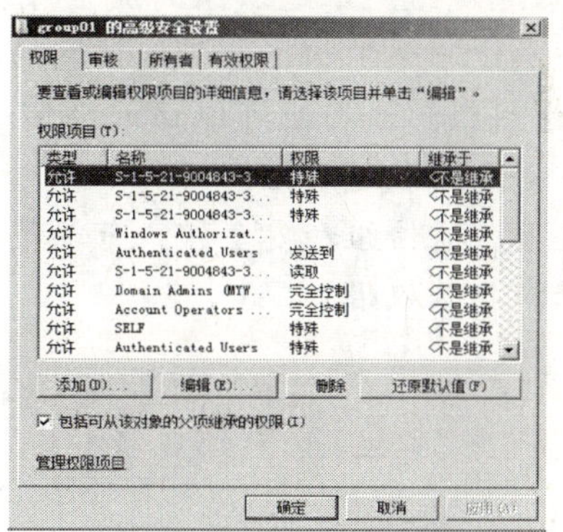

图 3-39　权限设置

步骤 3：在列表中选定“user01”，并单击“编辑”按钮，在如图 3-40 所示的“group01 的权限项目”窗口中设置“user01”的权限。在“名称”选项内可以更改选定的成员，在“应用于”选项内可以选择“user01”的权限所应用到的范围。设置后点“确定”按钮。

如图 3-41 所示，赋予“user01”可以更改及重置“后代用户对象”密码的权限。

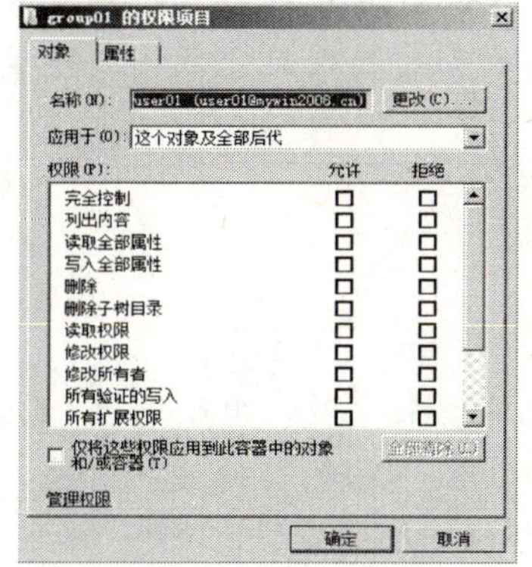

图 3-40　对象权限

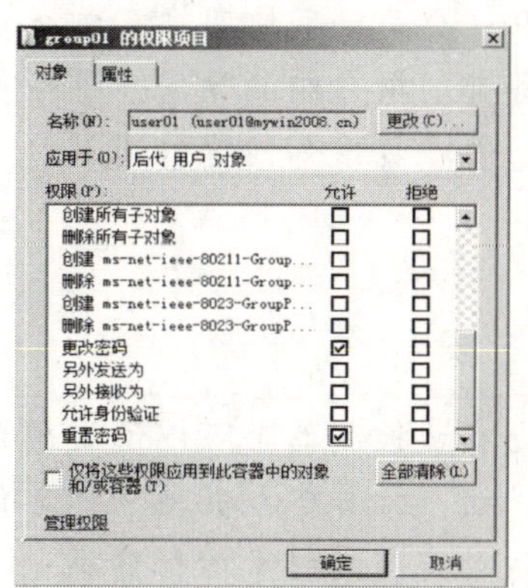

图 3-41　选择权限

3.5.3 能力扩展

用户和组建立隶属关系后，也可以解除。例如，将用户组“group01”内的用户 user01 移除，只需切换回组属性的“成员”对话框，选择“user01”，单击“删除”按钮即可。

组建立后，也可以删除。例如，删除用户组“group01”可直接在“Active Directory 用户和计算机”管理窗口中右键单击“group01”，选择“删除”。

知识补充

组作用域：任何组都有一个作用域，用来确定在域树或者林中该组的作用范围，作用域通常包括如下 3 种类型：

1）全局组：全局组主要是用来组织用户的。全局组内可以包含同一个域的用户账户与全局组，可以访问任何一个域内的资源。本地域组具有所属域的访问权限，以便访问本域的资源。

2）本地域组：本地域组的成员可以是同一个域的本地域组，也可以是任何域内的账户、全局组和通用组，他们能访问的资源只是该本地域组所在域的资源。

3）通用组：通用组可以访问任何一个域内的资源，通用组可以包含所有域内的用户账户、全局组和通用组。

组类型：通信组和安全组。可以使用通信组创建电子邮件通信组列表，使用安全组给共享资源指派权限。

3.6 任务 6–管理组织单位

3.6.1 任务背景与分析

任务背景

为了更好地管理服务器内的成员，往往还需要管理员对域控制器所管辖的对象进行二次分类。例如：公司的网络服务器需要把各部门经理的计算机账户进行统一管理，并不干扰其账户在各部门用户组的使用。管理员必须在用户和组的基础上找出其他管理形式来满足管理需求，管理员该如何操作呢？

任务分析

此类问题在域控制器上可以通过规划添加组织单位来完成，组织单位（OU）可将自己域内的用户、组、计算机和其他组织单位放入其中，但不容纳其他域的对象，管理员可以创建组织单位对域内的对象进行分类。这样就可以根据组织的模型管理账户和配置资源。为了管理方便，需要创建一个或多个组织单位。

创建组织单位的流程是：规划组织单位容纳的对象→新建组织单位→命名组织单位→创建子组织单位。

3.6.2 任务实施–创建组织单位

创建组织单位的步骤如下：

步骤 1：打开“Active Directory 用户和计算机”管理窗口，选择当前域“mywin2008.cn”，单击鼠标右键，从弹出的菜单中选择“新建”→“组织单位”，如图 3-42 所示。

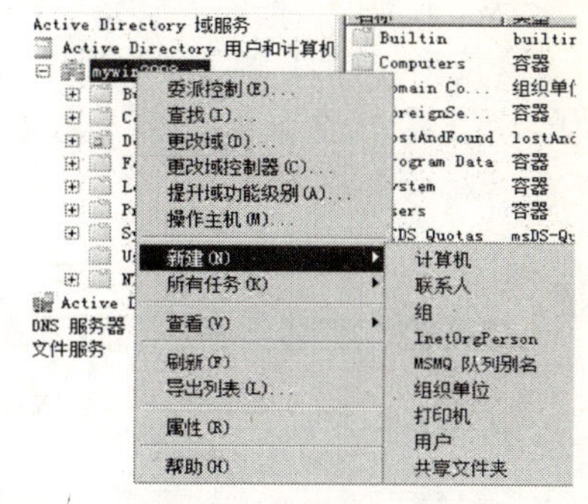

图 3-42　新建组织单位

步骤 2：打开如图 3-43 所示的“新建对象—组织单位”对话框，在“名称”文本框中输入新建组织单位的名称：ouwin2008。系统默认选择“防止容器被意外删除”选项。单击“确定”按钮完成创建。

步骤 3：如图 3-44 所示单击组织单位“ouwin2008”，在弹出的菜单中可以继续建立“ouwin2008”的子组织单位。按照网络用户结构创建组织单位后，可以将以前创建的用户“移动”到其相应的组织单位中以利于管理。

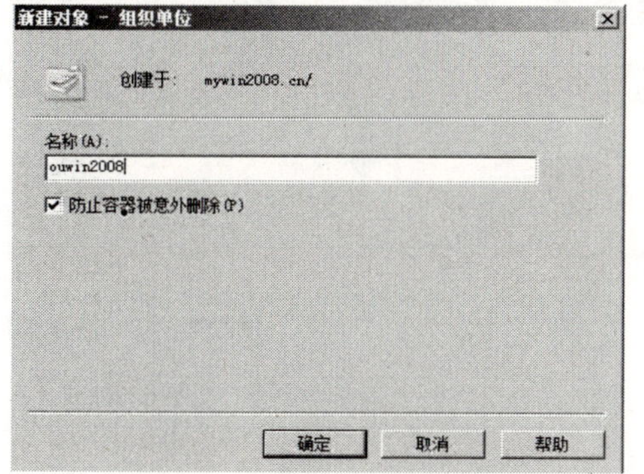

图 3-43　确定组织单位名称

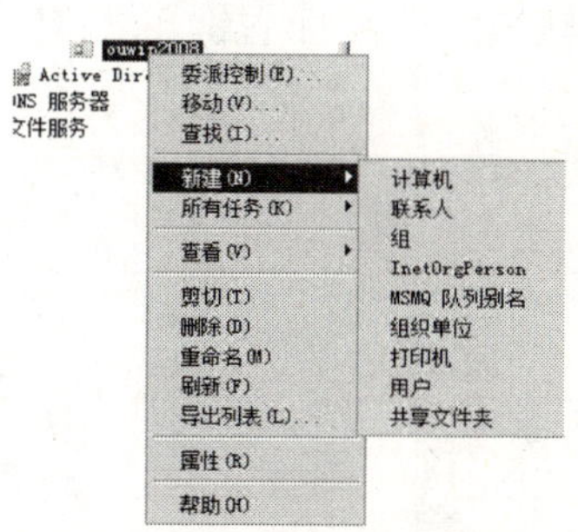

图 3-44　新建子组织单位

如图 3-45 所示，已经创建了两个子组织单位：pc 和 user。pc 用来放置域所管理的计算机，user 用来放置域所管理的域用户账户。

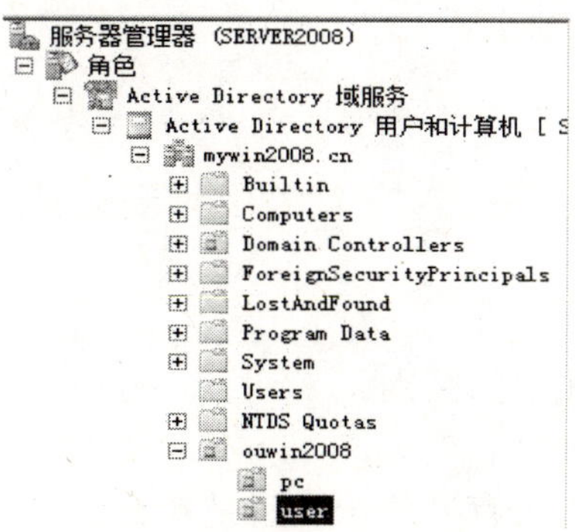

图 3-45　组织单位情况

3.6.3 能力扩展

当组织单位中的大多数用户不再有直接联系的时候，可以删除组织单位。如果直接单击鼠标右键删除组织单位“ouwin2008”，由于已经被设定成防止意外删除，所以会弹出如图 3-46 所示的错误提示框。

按以下正确步骤可以删除组织单位“ouwin2008”。

步骤 1：如图 3-47 所示，在“Active Directory 用户和计算机”管理窗口中，单击菜单栏中的“查看”选项，激活“高级功能”。这样可以在组织单位“ouwin2008”的“属性”中查看“对象”选项。

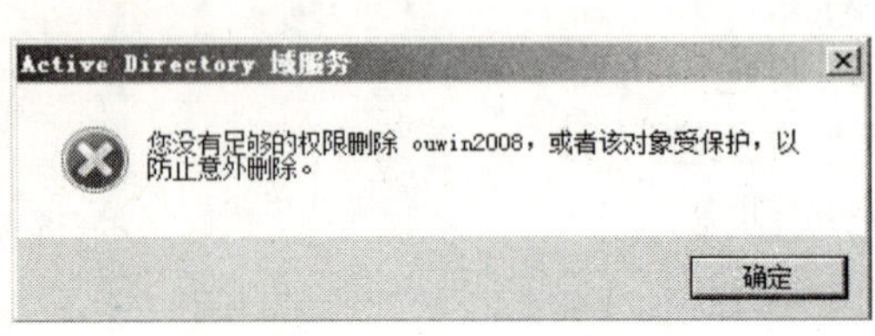

图 3-46　防止意外删除提示

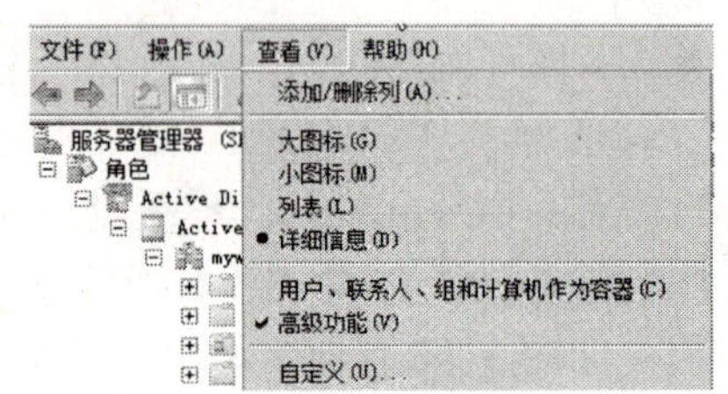

图 3-47　查看选项

步骤 2：用鼠标右键单击组织单位“ouwin2008”的“属性”，在如图 3-48 所示“对象”选项中取消“防止对象被意外删除”复选框，单击“确定”按钮完成。

步骤 3：用鼠标右键单击组织单位“ouwin2008”选择“删除”，如图 3-49 所示完成删除操作。

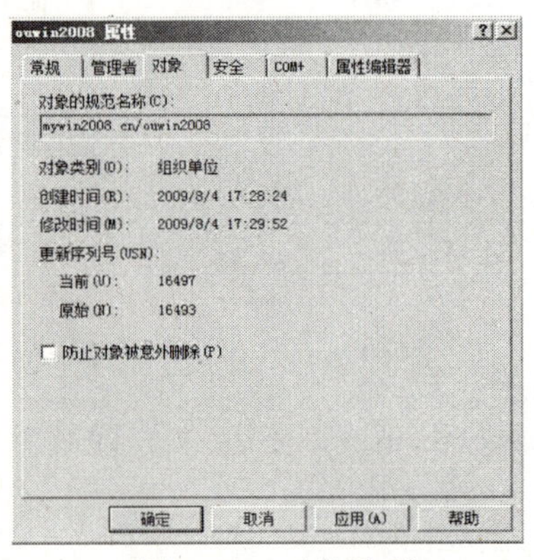

图 3-48　对象选项

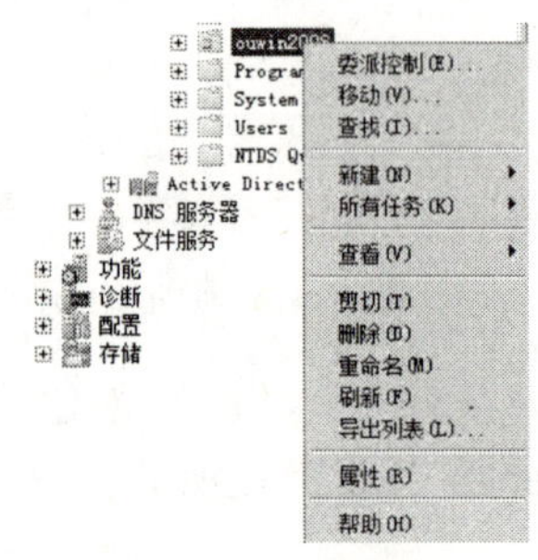

图 3-49　删除操作

3.7 拓展强化训练

1．知识复习

1）域用户账户与计算机账户的区别。

2）用户组和组织单位的区别。

3）域控制器内置的用户和组有哪些，作用是什么？

4）一个网络中是否只能拥有一个域控制器，如果有多个，其相互关系如何？

2．能力训练

以项目小组的形式，在虚拟机下利用所学知识与技能完成以下任务。

1）在服务器上安装活动目录，创建域 yourwin2008.cn，并规划好组织单位、用户和组信息。

2）建立组织单位 yourwin2008，yourwin2008 包含 pc 和 user 两个子组织单位，其中 pc 中容纳域 yourwin2008.cn 所控制的计算机用户 user03 和 user04；user 中容纳域 yourwin2008.cn 所管理的组 group01。组 group01 包含账户 user01 和 user02，并赋予 user02 完全控制自己及其全部后代的权限。

3）从客户端登录该域控制器。

第 4 章
文件资源管理与共享管理

资源共享是网络服务器提供的主要功能之一，其中，文件共享和打印共享是网络的主要服务功能。通常，网络共享资源分别由不同服务器提供。因此，如何管理系统的共享资源对象，使分布于网络的资源能被充分的利用，用户能方便快捷地访问和管理分布于不同网络位置的资源，是管理员必须掌握的职业技能。

本章从了解管理资源对象开始介绍，通过任务详细讲解文件系统与共享管理，阐述磁盘管理方法，最后结合实例介绍分布式文件系统（DFS）。

学习目标

知识要求：

了解 Windows Server 2008 文件资源管理与共享管理，应掌握关于文件系统与共享管理、磁盘管理、分布式文件系统（DFS）的知识

岗位职业能力目标：

1）掌握利用 NTFS 文件权限管理文件资源

2）掌握如何对文件系统进行压缩与加密

3）掌握怎样设置文件夹共享

4）能熟练运用磁盘配额管理

5）能熟练设置打印机共享

6）能利用 DFS 管理共享资源

4.1　任务 1–了解管理资源对象

4.1.1　资源对象的基本知识

随着互联网的飞速发展，网络存储的需求量愈来愈大，数据资源的存储安全要求也越来越高。而要有效合理地管理这些资源对象，首先就要对其有基本的了解。

操作系统中负责管理和存储文件信息的软件机构称为文件管理系统，简称文件系统。常用文件系统有 FAT、FAT32、NTFS。Windows Server 2008 可以支持上述文件系统，其中，NTFS 文件系统是系统默认选项。

知识补充

常见文件系统介绍

1）FAT　也称为 FAT16。以前用的 DOS、Windows 95 都使用 FAT16 文件系统，现在常用的 Windows 98/2000/XP 等系统均支持 FAT 文件系统。

2）FAT32　是 FAT16 的增强版本，可以支持大到 2TB（2048GB）的分区。而且 FAT32 使用的簇比 FAT16 小，从而有效地节约了硬盘空间。

3）NTFS　即 NT File System，是 Windows NT 以上系统支持的文件系统。NTFS 文件系统与 FAT 文件系统相比，功能更强大，适合更大的磁盘和分区，是更为完善和灵活的文件系统，适合服务器系统使用。

4.1.2　管理共享文件夹

一般情况下，服务器的磁盘分区采用多分区模式，不同的分区以逻辑盘的形式存在，通常系统文件安装在 C 盘，其他数据文件安装在 D、E 等盘。网络文件共享服务可以实现存储在分区中的资源共享和信息传递，可以使别的计算机通过网络访问其中的文件和文件夹。

共享的文件夹可以包括应用程序、公共数据或者用户的个人数据。例如利用共享的应用程序文件夹就可以集中进行日常的管理工作。当共享某个文件夹时，可以通过对选择的用户和组授予权限，来控制对该文件夹和其中内容的访问，还可以通过限制能够并发连接到共享文件夹的用户数目来保证对共享文件夹的访问速度，也可以在共享文件夹上设置允许脱机。

4.1.3　打印服务管理

打印机也是网络重要的共享资源，用户可以在网络上共享使用打印机资源，可以通过局域网络甚至 Internet 将打印任务发送到直接连接在装有 Windows Server 2008 的打印服务器上的打印机。打印服务器可以为客户计算机添加附加的打印机驱动程序，客户计算机可以运行本机操作系统连接到该打印机，并自动下载所需的驱动程序。管理员可以为共享打印机设置权限，以方便不同用户的打印需求。

对于共享打印机，其打印权限主要有：规定谁可以访问、怎样访问打印设备：Print（可以管理自己的打印文档）、Manage Document（管理所有的文档）、Manage Printer（管理打印机）。

4.1.4　共享资源对象的重定位

文件夹重定位是从 Windows 2000 开始引入的概念，在 Windows XP 和 Windows Vista 中是内置功能。文件夹重定位允许将用户的文件夹从默认的路径重新指定到其他的路径。文件夹重定向不仅可以按需存取，而且同样可以提供移动用户的重要功能。例如：无论用户登录到哪台计算机，用户的数据都可以被存取，而且用户的数据可以被恢复。

4.2　任务2–文件系统与共享管理

4.2.1　任务背景与分析

任务背景

某企业网络根据业务需求，需要提供一些文件给其他部门用户使用，使得网络资源得到充分的利用，但如何正确管理共享文件夹是需要管理员认真考虑的。由于部门及职位的不同要对员工的访问权限进行设置，使其访问权限应有所区别，该如何解决此问题呢？

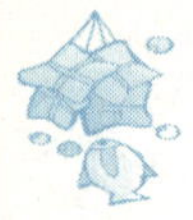

任务分析

由于服务器采用 Windows Server 2008 系统，可以将需要共享的文件设置为共享，并可以通过 NTFS 文件系统权限对文件的访问做设置，可以考虑的方案是为不同部门建立不同的文件夹，并建立共享，放置共享文件。权限划分方案：各公司成员一般情况下只能访问本部门文件夹，对于文件夹内的文件部门负责人拥有完全管理权限，普通员工拥有只读权限。设立完全控制权限文件夹供全体员工交流使用，并需要设置员工存储空间的上限。公司高级管理者拥有可以访问修改所有文件的权限。

其工作流程是：按需求建立文件夹→设置权限→建立共享→设置共享权限以及文件访问权限。

4.2.2　任务实施1–利用NTFS文件权限管理文件

在 Windows Server 2008 的 NTFS 文件系统中，系统会自动设置磁盘分区的访问权限值，这些权限会被该分区的子文件夹和文件所继承。为了控制用户对某个文件夹及其文件夹中的文件的访问，就要指定文件夹和文件的权限，但是能设置此权限的应当是 Administrator 组成员或拥有完全控制权限的用户。对某一文件进行权限管理可以参照下述步骤进行操作：

步骤1：打开 Windows 资源管理器，用鼠标右键单击要设置权限的文件，如文件 txt01，在快捷菜单中选择“属性”选项，打开“txt01 属性”对话框。选择“安全”选项，如图 4-1 所示。图中“Users”组中已经从系统继承了“读取和执行”与“读取”权限。

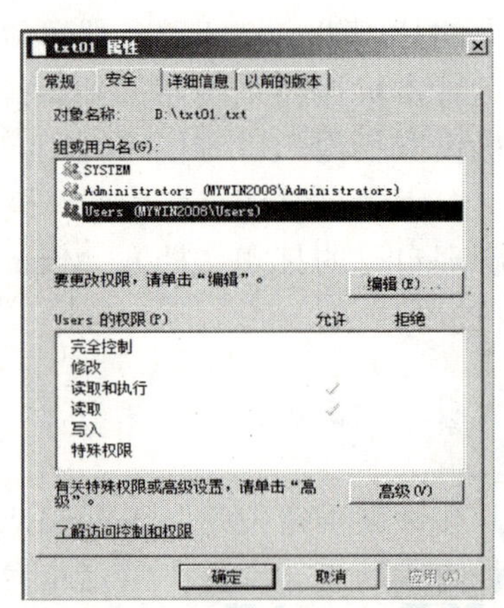

图 4-1　“txt01 属性”对话框

步骤2：如果想更改“Users”组的权限，只需在其被选取的状态下，单击“编辑”

按钮。在如图 4-2 所示的“txt01 权限”的对话框中，选中相应权限右边的“允许”或“拒绝”选项。

步骤 3：当要给其他用户委派权限时，只需单击“添加”按钮，从“选择用户、计算机或组”对话框内添加可以拥有对 txt01 访问及其他操作权限的用户或组，如图 4-3 所示。

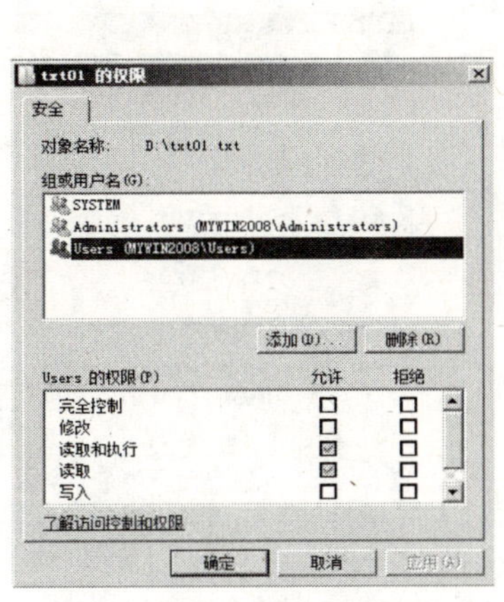

图 4-2　文件权限

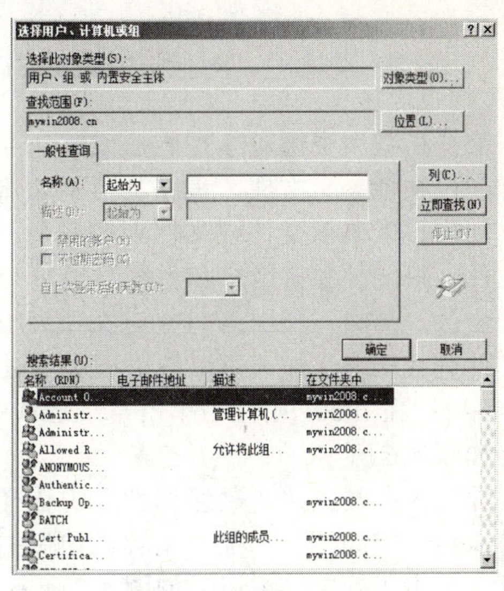

图 4-3　添加权限用户

步骤 4：选择好用户或组后单击“确定”按钮，就可以对其进行 txt01 权限的委派了。新添加的用户权限不是继承的，所有权限都可以修改。假如“Users”组不想继承上一层的权限时，可以单击“安全”选项卡中的“高级”按钮，在如图 4-4 所示的“txt01 的高级安全设置”对话框内单击“编辑”后，取消“包括可从该对象的父项继承的权限”的选择，接下来会弹出如图 4-5 所示的“Windows 安全”对话框，单击“复制”按钮将保留从父项继承的权限，单击“删除”按钮将删除此权限。NTFS 的文件夹权限设置与文件的权限设置方式近似。

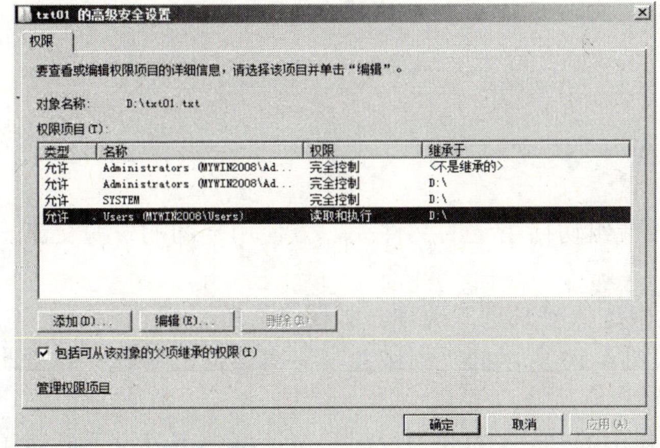

图 4-4　文件的高级安全设置

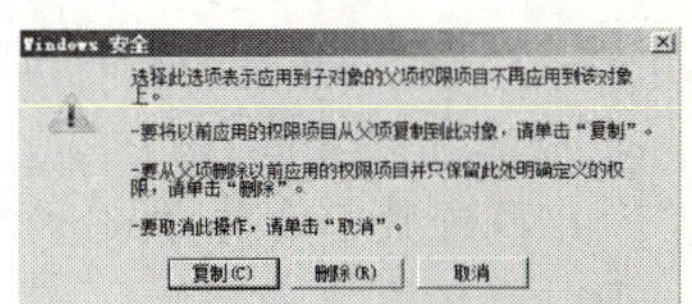

图 4-5　Windows 安全

技能提示

继承的权限的对勾是灰色的，可以通过选中“拒绝”选项取消权限，但不可以将灰色对勾直接删除。

4.2.3　任务实施2–对文件系统进行压缩和加密

压缩是指减少资源对象在磁盘或其他存储设备上的占用空间，文件夹、文件、程序甚至驱动器均可以进行压缩。加密可以确保文件或文件夹的安全，被加密的文件或文件夹只能被加密用户和系统管理员 Administrator 访问和修改。例如：利用 NTFS 对文件夹 file01 以及其内的文件进行压缩和加密可以按以下步骤进行：

步骤 1：在 file01 属性中单击常规选项中的“高级”按钮，如图 4-6 所示。

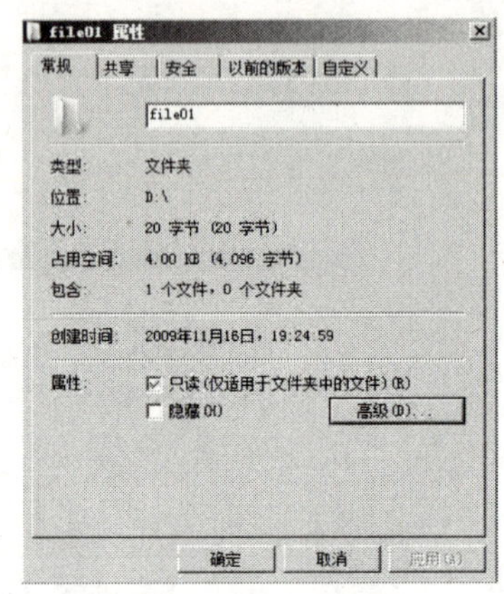

图 4-6　文件属性

步骤 2：在弹出的“高级属性”中选择“压缩内容以便节省磁盘空间”和“加密内容以便保护数据”两个复选框。单击“确定”按钮，如图 4-7 所示。

步骤 3：确定后，弹出如图 4-8 所示的“确认属性更改”对话框，勾选“将更改应用于此文件夹、子文件夹和文件”选项，点“确定”按钮完成操作。

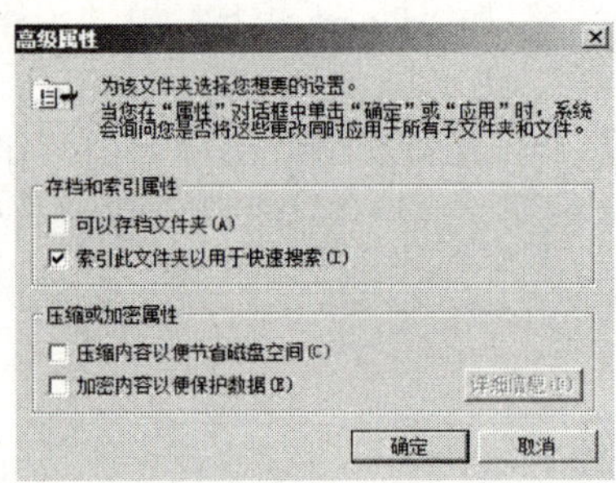

图 4-7　高级属性

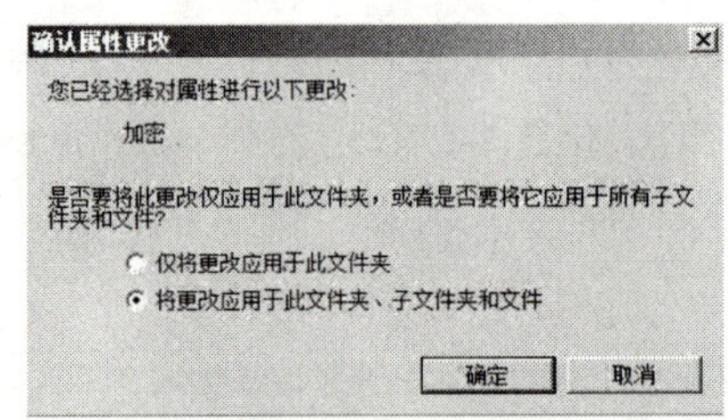

图 4-8　确认属性更改

4.2.4　任务实施3–设置文件夹共享

文件夹共享可以让有权限的用户或组访问指定的文件夹，方便用户间的资源交流。设置文件夹 file01 的共享方式如下：

步骤 1：在文件夹 file01 的属性中选择“共享”选项，如图 4-9 所示。

步骤 2：选择“高级共享”进入图 4-10 所示的“高级共享”对话框，勾选“共享此文件夹”，并设置共享名为“win2008”。

步骤 3：单击“权限”按钮，在弹出的“win2008 的权限”对话框中可以设置能够访问文件夹 file01 的用户或用户组的权限。并可以通过“添加”选项增加有共享权限的用户或用户组，如图 4-11 所示。设置完成后，点“确定”按钮结束。

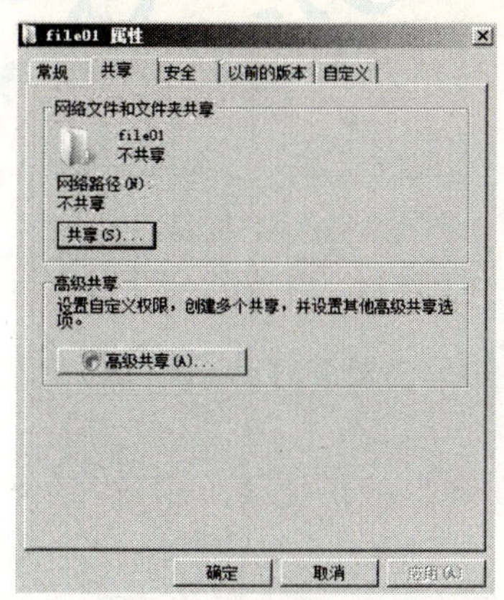

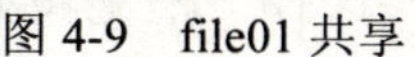
图 4-9 file01 共享

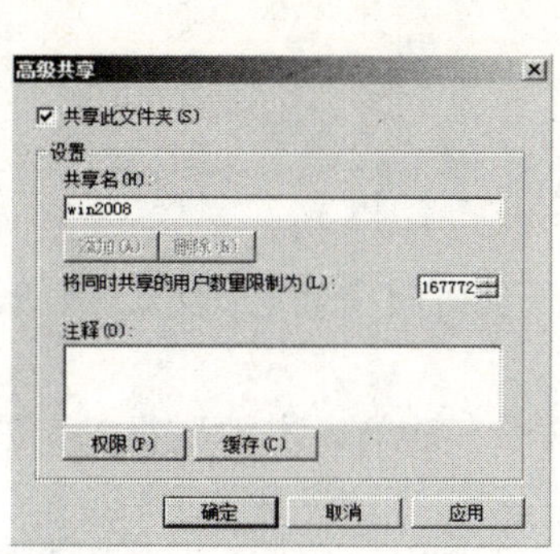

图 4-10 高级共享

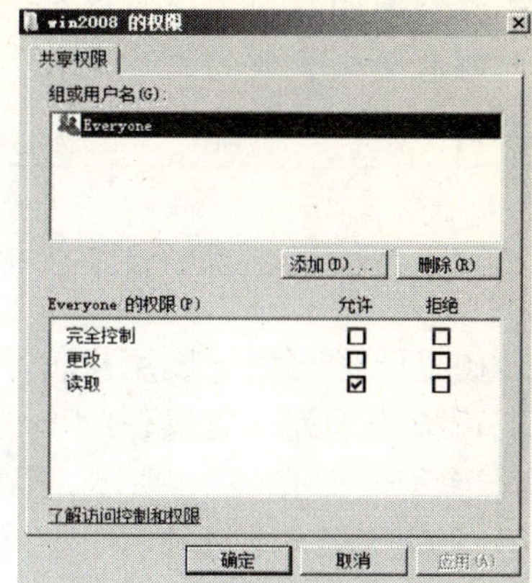

图 4-11 共享访问权限设置

4.2.5 能力扩展

基本的 NTFS 权限一般可以满足用户的需要，如果需要将权限指派的更精确些，需要设置特殊访问权限。例如：对用户组“Users”进行文件 txt01 的权限精确设置，可以按以下方法实现：

在如图 4-4 所示的“txt01 的高级安全设置”内选择“Users”组，进入到如图 4-12 所示的“txt01 的权限项目”对话框。该对话框内有特殊访问权限共 13 项，通过这些权限可以实现精确的用户权限设置。

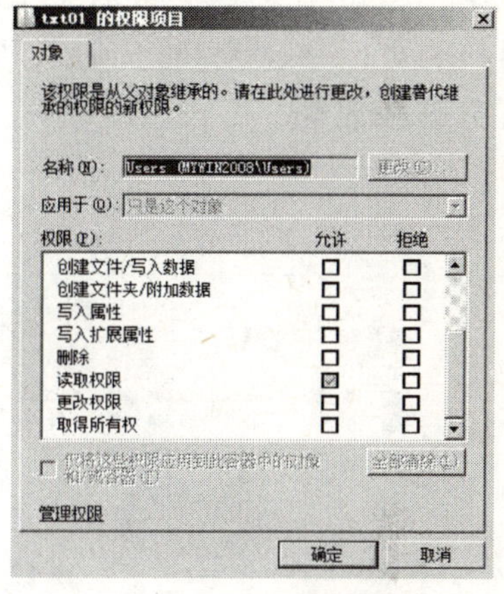

图 4-12 txt01 的权限项目

4.3 任务 3–磁盘管理

4.3.1 任务背景与分析

任务背景

存储网络资源的硬盘空间不是无限的，合理地利用其有限的空间是管理员需要认真考虑的问题。如某公司服务器上的磁盘空间是有限的，为了防止公司内用户滥用网络服务，造成服务器存储空间的浪费，应该采取什么有效措施呢？

任务分析

Windows Server 2008 系统提供了磁盘配额管理功能，应用此功能管理员就能跟踪和控制磁盘空间的使用，以避免个别用户滥用磁盘空间。

磁盘配额管理的工作流程如下：做出配额计划→启用磁盘配额管理→选择用户→设置配额权限。

4.3.2 任务实施—磁盘配额管理

磁盘配额可以限制用户使用磁盘访问空间的大小。例如，对服务器的 D 盘设置磁盘配额，可按照下列步骤操作：

步骤 1：如图 4-13 所示，用鼠标右键单击本地磁盘 D，并在弹出的快捷菜单中选择“属性”，进入卷属性对话框。

步骤 2：选择“配额”选项，如图 4-14 所示，启用配额管理，选择“拒绝将磁盘空间给超过配额限制的用户”，设置配额限制为 500MB、警告等级为 20MB，并选择该卷的记录选项“用户超出配额限制时记录事件”和“用户超过警告等级时记录事件”。至此就完成了磁盘配额管理的一个规则设置，规则规定：新用户的磁盘使用空间最大为 500MB，当可用磁盘空间不大于 20MB 时，系统会发出“磁盘空间不足”的警告信息，当用户的可用磁盘空间已满后，用户只能删除一部分文件来释放空间，同时系统将对这些情况进行记录。

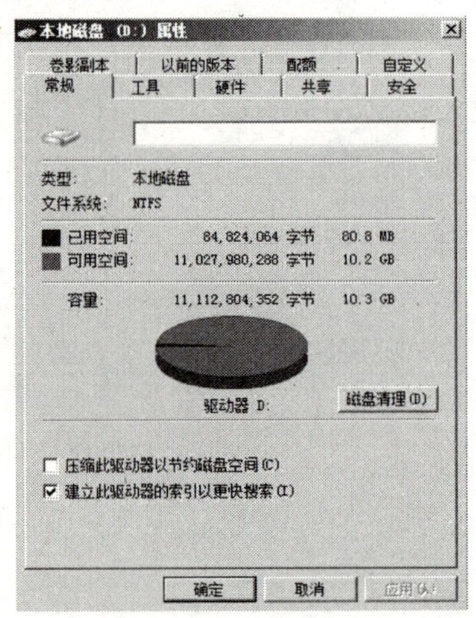

图 4-13 卷属性对话框

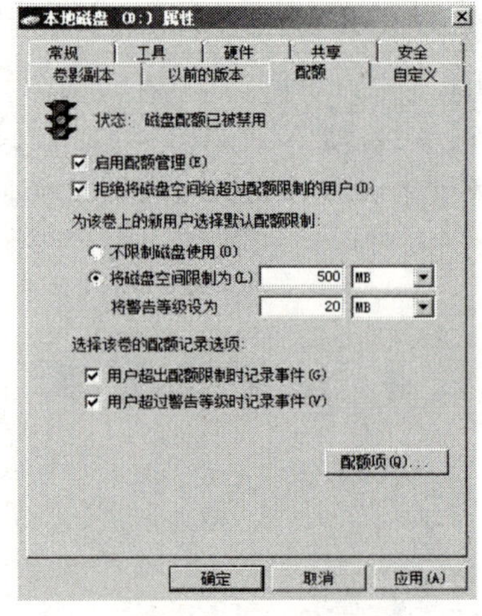

图 4-14 配额选项

步骤 3：规则设定好后，就要选择适用的用户。在“配额”选项中选择“配额项”，进入如图 4-15 所示的本地卷“D 的配额项”。

步骤 4：单击菜单栏中的“配额”，在下拉菜单中选择“新建配额项”，弹出如图 4-16 所示的“选择用户”对话框。在对话框中选择想要委派权限的用户如 user02，并单击“确定”按钮。

步骤 5：如图 4-17 所示，在弹出的“添加新配额项”对话框中，规定了用户 user02 的默认配额规则，即 user02 的可用磁盘容量最多为 500MB，当其可用磁盘容量不大于 20MB 时，将收到“磁盘空间不足”的警告信息。

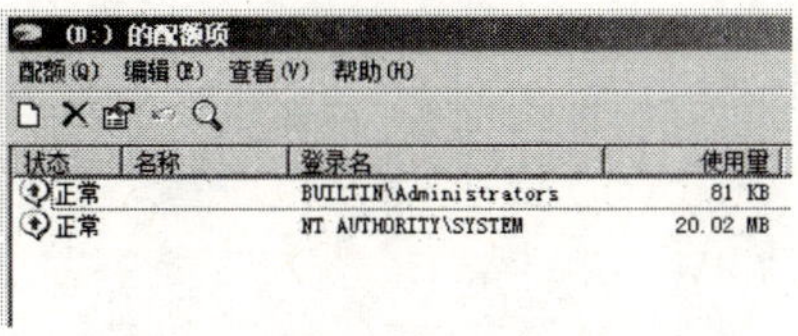

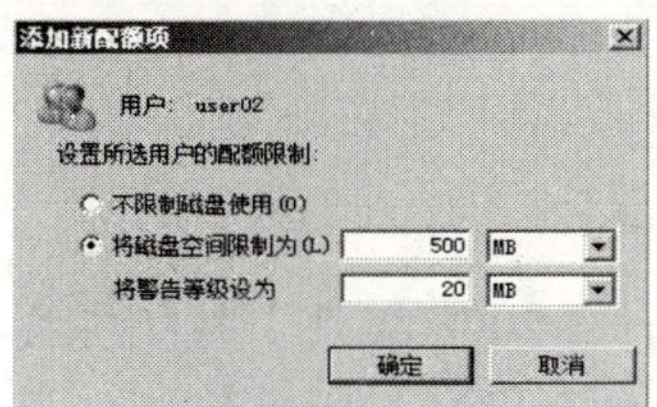

图 4-15　磁盘配额项

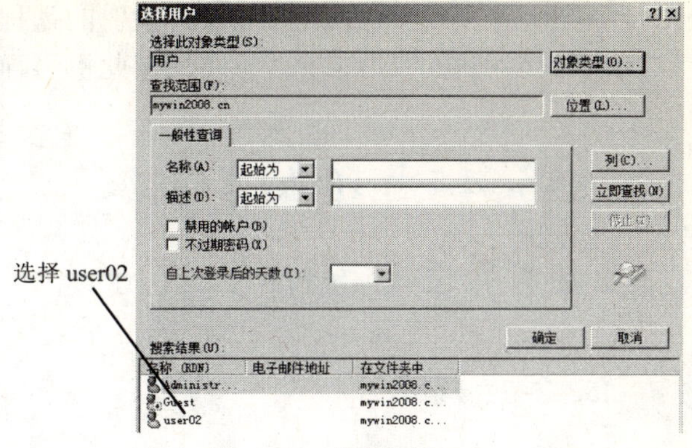

图 4-16　选择用户

步骤 6：如图 4-18 所示，单击“确定”按钮，回到配额项列表，可以看到用户 user02 的磁盘配额情况。

图 4-17　添加新配额项

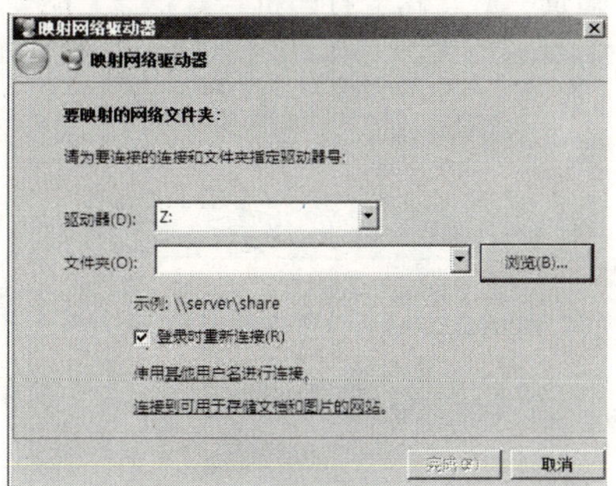

图 4-18　配额项列表

4.3.3　能力扩展

磁盘配额管理还可以应用到远程计算机上，前提是远程计算机的卷必须是以 NTFS 文件系统格式化的卷。具体操作步骤如下：

步骤 1：用鼠标右键单击桌面上的“网络”图标，在弹出的快捷菜单中选择“映射网络驱动器”选项。出现如图 4-19 所示的对话框。

图 4-19　映射网络驱动器

步骤 2：在“驱动器”选项中为要连接的链接和文件夹指定驱动器号。在“文件夹”选项中填写远程计算机的卷路径，格式为“\\服务器名\共享名”，用户可以单击“浏览”按钮进行选择。选择结束后按“确定”按钮完成设置。此时，远程计算机的卷映射到网络驱动器上，打开“我的电脑”窗口，可以对映射的远程计算机的卷进行磁盘配额管理，其操作过程与本地计算机卷的操作过程一样，在此不再详细展开。

4.4 任务4–打印共享管理

4.4.1 任务背景与分析

任务背景

网络上可以共享的资源不光是数据及资料，还可以是硬件外设，例如：打印机、扫描仪等。某公司想让各部门的员工能及时上报打印报表，而又不想添置新的打印设备。管理员该如何解决此问题呢？

任务分析

在网络中，打印机是可以共享使用的设备，Windows Server 2008提供了打印机共享功能，通过服务器共享打印机，员工们就可以在自己本地计算机上进行打印操作。

设置打印机共享的流程是：启动打印机共享→设置打印机驱动下载→设置用户权限。

4.4.2 任务实施–设置打印机共享

设置打印机共享的步骤如下：

步骤1：以管理员用户账户Administrator登录服务器，从“控制面板”中选择“硬件和声音”选项，选择其中的“打印机”选项，进入系统默认打印机属性窗口。选择如图4-20所示的“共享”对话框，勾选“共享这台打印机”。

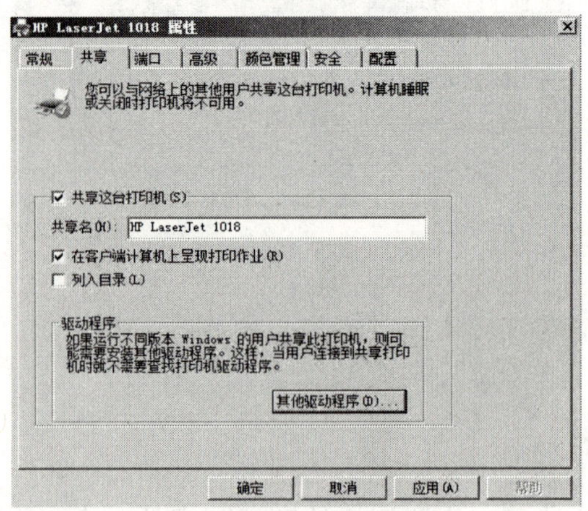

图4-20 打印机共享

步骤2：单击“其他驱动程序”，则可以为运行不同版本Windows操作系统的用户提供相应的打印机驱动程序下载，如图 4-21 所示。

步骤 3：选择“安全”选项，进入如图 4-22 所示的“打印机安全设置”对话框，就可以为指定用户或用户组共享打印机，其权限设置与文件的用户权限设置方法基本类似。权限设置好后，单击“确定”按钮完成打印机共享的设置。用户可以通过在“控制面板”中添加网络打印机进行打印工作。

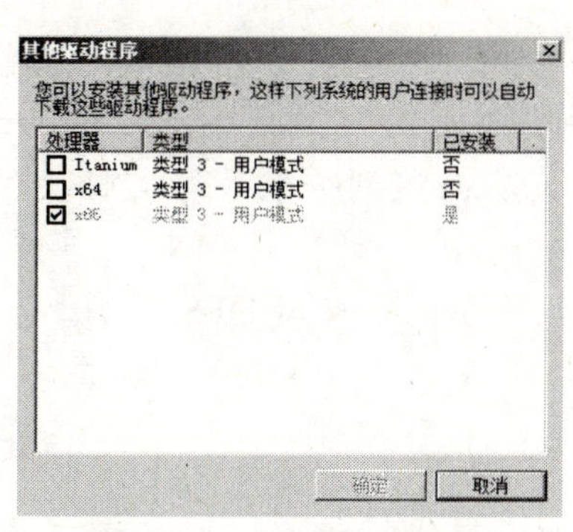

图 4-21　其他驱动程序

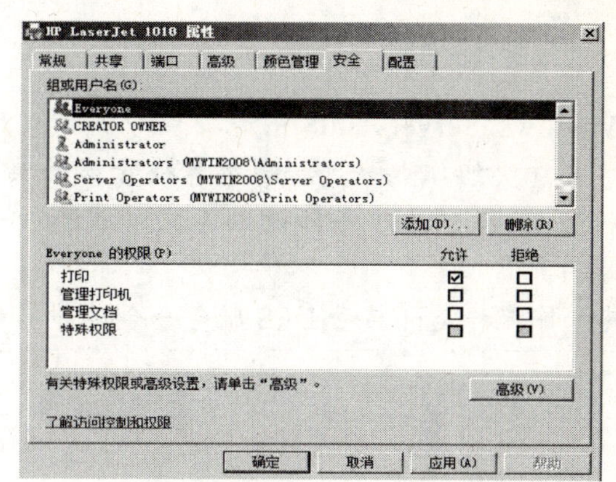

图 4-22　“打印机安全设置”对话框

4.4.3　能力扩展

为了让打印机的共享能够方便，服务器和客户机可以安装“文件和打印机的共享协议”。用鼠标右键单击桌面上的“网上邻居”，选择“属性”命令，进入到“网络连接”文件夹，在“本地连接”图标上点击鼠标右键，选择“属性”命令。如果在“常规”选项卡的“此连接使用下列项目”列表中没有找到“Microsoft 网络的文件和打印机共享”，则需要单击“安装”按钮，在弹出的对话框中选择“服务”，然后点击“添加”，在“选择网络服务”窗口中选择“文件和打印机共享”，最后单击“确定”按钮即可完成，如图 4-23 所示。

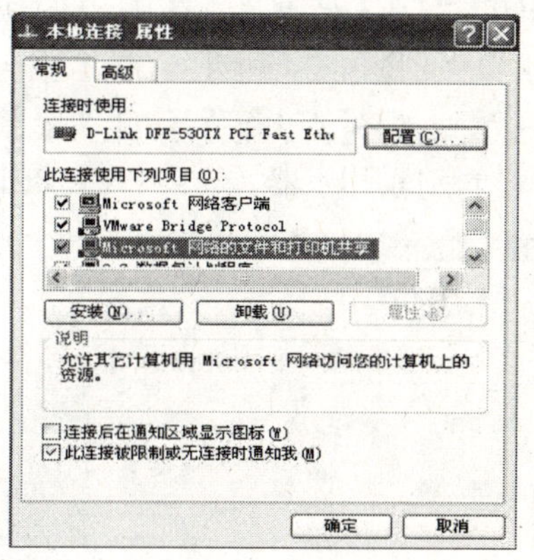

图 4-23　文件和打印机共享协议

4.5　任务 5–使用分布式文件系统

4.5.1　任务背景与分析

任务背景

为保证整体工作的协调灵活性，网络上往往设置多个服务器存储数据，而如何综合管理这些服务器上的共享资源就成了管理员首先要考虑的问题。如：某公司新添置了几台服务器，用以提供各部门的数据资料共享。新的问题来了，该如何让各个服务器所存储的信息实时同步一致，使用户可以更方便地找到网络共享资源呢？

任务分析

Windows Server 2008 系统提供分布式文件系统 DFS，可以将分布在不同服务器上的共享文件夹组织起来，如同所有被管理的共享文件夹都在同一个服务器一样。管理员只需利用 DFS 对各服务器的共享文件进行统一管理，从而达到分散共享文件夹综合管理的目的。

其工作流程是：启动 DFS 服务→创建命名空间→设置参数→使用 DFS。

4.5.2 任务实施–利用 DFS 管理文件资源

在利用 DFS 分布式文件系统管理之前，要安装“文件服务”。具体步骤前文已经介绍，在此不再赘述。设置整个 DFS 分布式文件系统管理步骤如下：

步骤 1：在服务器 Server 2008 中依次单击“开始”→“管理工具”→“服务器管理器”，在左侧的列表中展开“角色”，进而展开“文件服务”。用鼠标右键单击“文件服务”下的“DFS 管理”，在弹出的快捷菜单中选择“新建命名空间”进入到“命名空间服务器”，如图 4-24 所示。在“服务器”名称中输入想要命名的空间名称，或单击“浏览”进入到如图 4-25 所示的“选择计算机”对话框查找域“mywin2008.cn”上的服务器来担当空间服务器，如“SERVER 2008”。

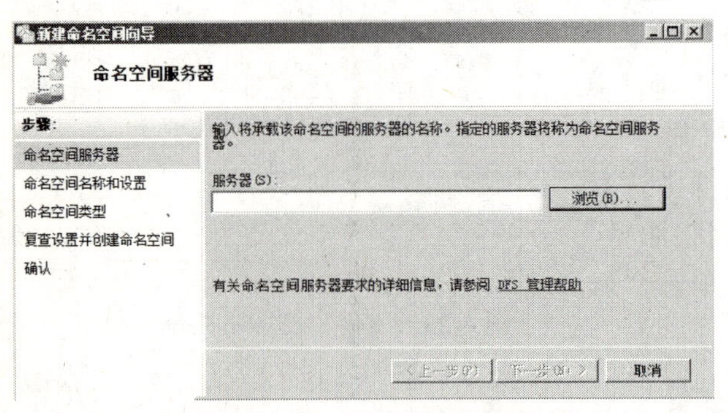

图 4-24　命名空间服务器

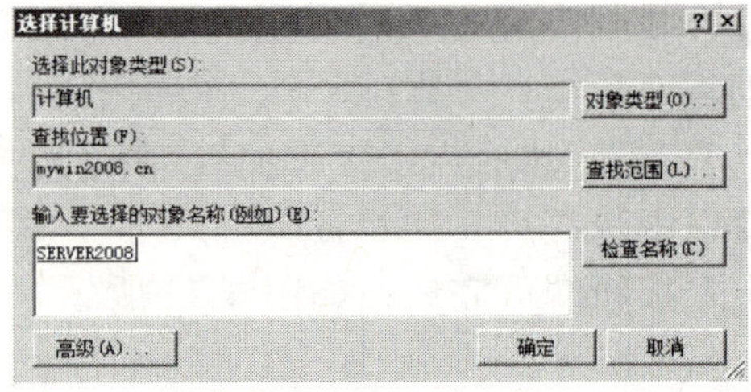

图 4-25　选择计算机

步骤 2：确定后进入如图 4-26 所示的“命名空间名称和设置”对话框，输入命名空间的名称　“Share”。单击“编辑设置”，可以更改空间共享文件夹的本地路径。图 4-27 所示是为共享文件夹规定权限规则：“Administrator 具有完全访问权限；其他用户具有只读权限”。

步骤 3：单击“确定”后，进入图 4-28 所示的“命名空间类型”对话框。不改变要创建的命名空间类型，即“基于域的命名空间”。单击“下一步”可以查看所创建的命名空间情况，继续单击“下一步”完成命名空间的创建。

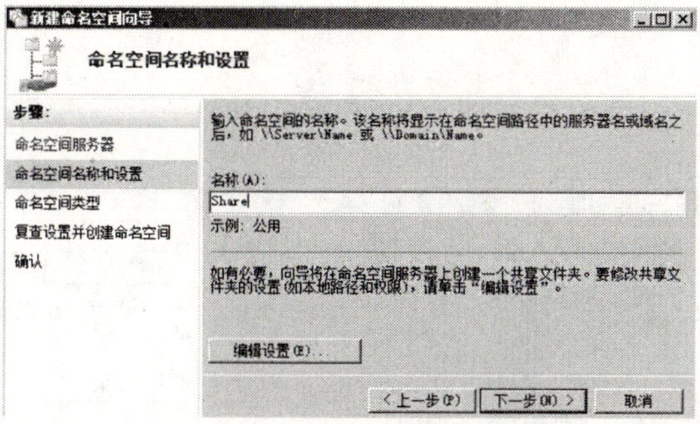

图 4-26　空间名称和设置

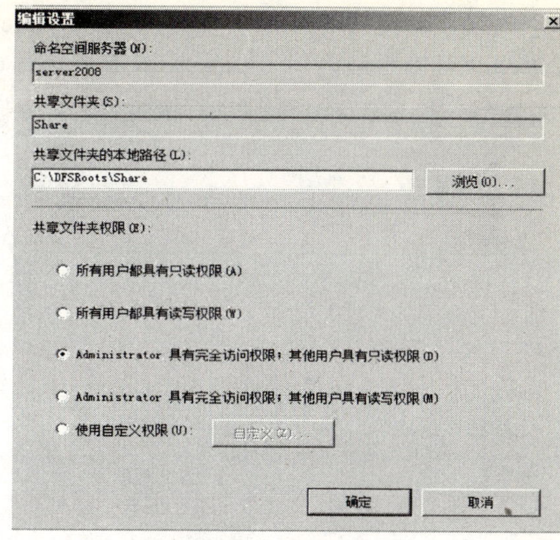

图 4-27　编辑设置

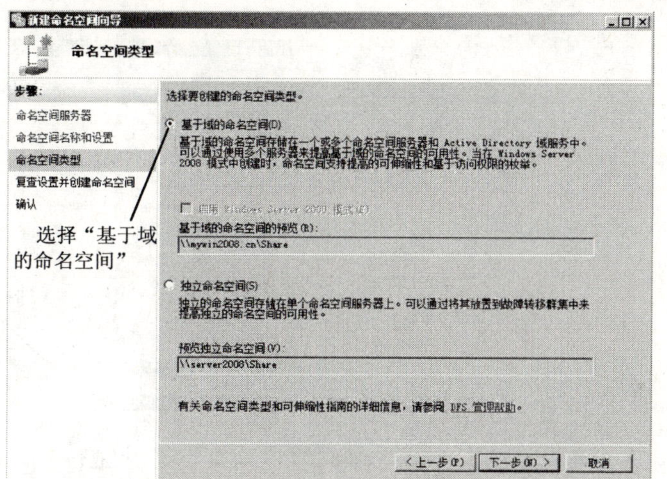

图 4-28　命名空间类型

步骤 4：用鼠标右键单击“服务器管理器”左侧列表中新建的命名空间“\\mywin2008.cn\Share”，在弹出的快捷菜单中选择“新建文件夹”。在如图 4-29 所示对话框中填入名称“ziliao”，则文件夹“ziliao”将统筹管理文件夹目标中的所有共享文件夹，也就是说这些共享文件夹的数据资料都可以让有权限的用户通过文件夹“ziliao”进行访问。

步骤 5：选择“添加”选项，弹出如图 4-30 所示的“添加文件夹目标”对话框。在“文件夹目标的路径”中输入想要共享的服务器文件夹路径，或单击“浏览”按钮选择要添加的域“mywin2008.cn”中任何服务器的共享文件夹。

步骤 6：在图 4-31 所示的“浏览共享文件夹”对话框中，单击“浏览”按钮选择网络上的服务器“user03”，如图 4-32 所示。

步骤 7：单击“确定”后，弹出如图 4-33 所示的“浏览共享文件夹”对话框，其中显示了服务器“user03”的所有共享文件夹，分别选择共享文件夹“share01”、“share02”、“share03”加入到“文件夹目标中”，如图 4-34 所示。单击“确定”结束“共享文件夹目标”的设置。此时“ziliao”就包含了“share01”、“share02”、“share03”的数据资料，授权用户就可以通过访问“ziliao”查看“share01”、“share02”、“share03”上的资源。

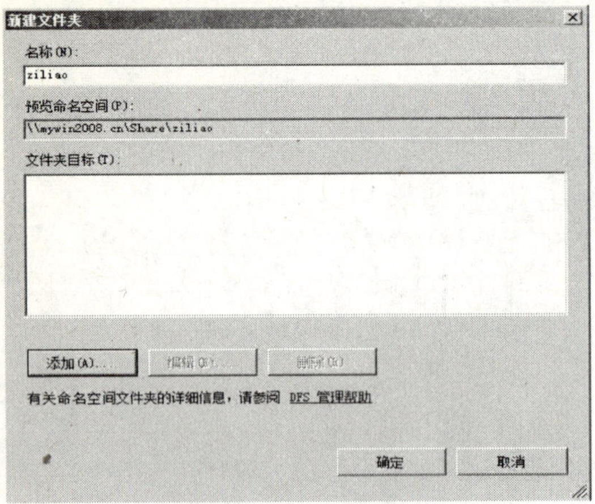

图 4-29　新建文件夹

图 4-30　添加文件夹目标

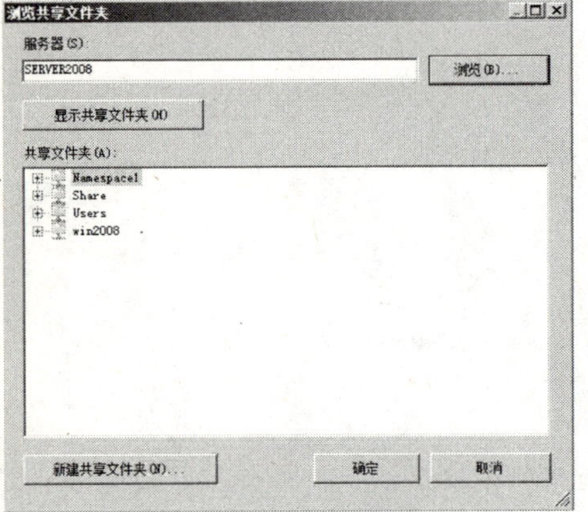

图 4-31　浏览共享文件夹

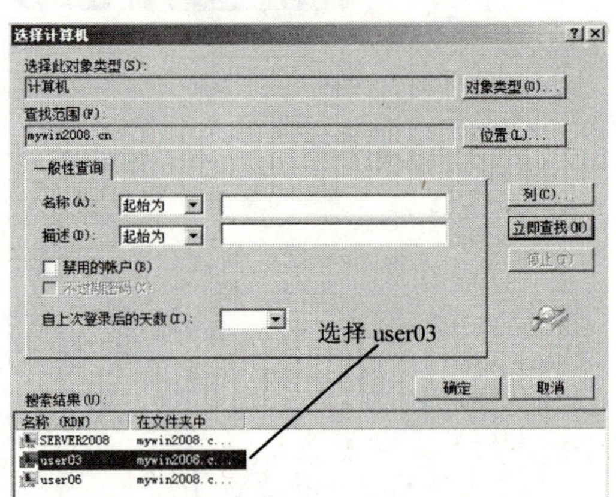

图 4-32　选择计算机

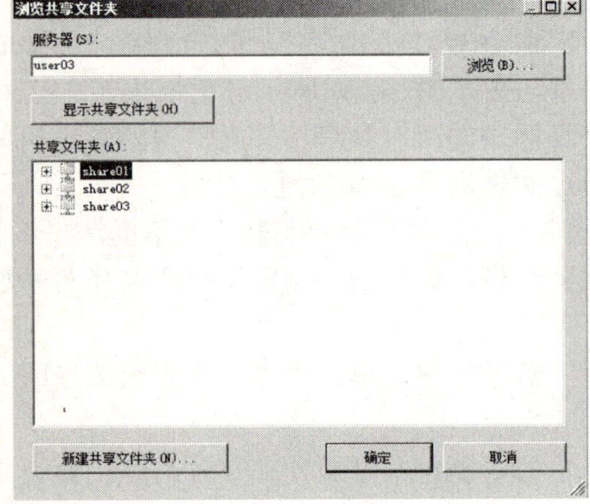

图 4-33　user03 的共享文件夹

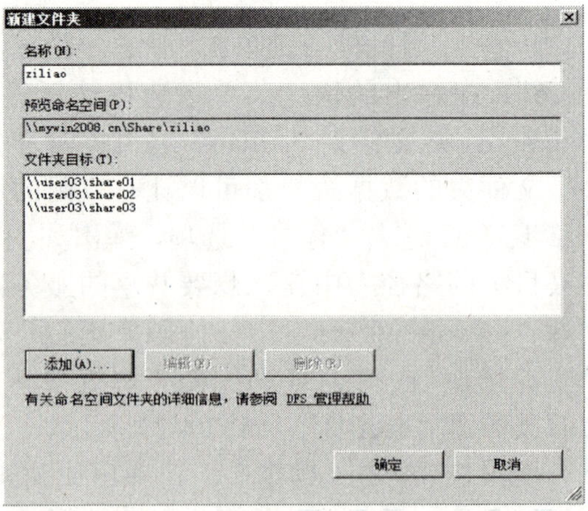

图 4-34　“ziliao”的文件夹目标

4.5.3 能力扩展

给访问命名空间“\\mywin2008.cn\Share”的用户委派权限也很简单。用鼠标右键单击“\\mywin2008.cn\Share”，在弹出的“选择用户和组”对话框中查找相应的用户，就可以对其进行权限的设置，方法同前面介绍的委派用户权限方法一样。

4.6 拓展强化训练

1. 知识复习

1）NTFS 与 FAT 文件系统相比，优点有哪些，服务器系统为何要安装 NTFS 文件系统？

2）磁盘配额主要用于解决什么问题？

3）如果使用共享打印机，本机是否需要安装驱动程序？

4）用户、组在权限继承上是什么关系？

5）DFS 的作用是什么？

2. 能力训练

1）在服务器中建立两个文件夹 file01、file02，加密 file01，比较二者区别。

2）尝试在服务器所映射的网络驱动器 H（H 映射的是远程计算机 user04 上的 D 盘，且 D 盘文件系统为 FAT32）上设置磁盘配额。

3）设计一个小型办公室网络机构，包括 3 台服务器、1 台客户机、1 台打印机，要求：

① 建立域 your2010.cn，设置服务器的共享文件夹为“file04”，并设置共享打印机。

② 委派客户机的权限为只读，可上传文件但不能修改删除。给用户的磁盘配额为 1.5GB，并在磁盘空间不大于 200MB 时报警。

③ 在该域中建立命名空间“Share09”，其文件夹目标为服务器上的“Share11”和另外一台服务器“Server02”上的“Share12”。

第5章
系统性能与安全管理

作为网络管理员，日常的系统管理工作之一是检查在网络服务器上各系统模块的工作状态。及时了解服务器运行性能的变化可以帮助网络管理员更好地安装、运行工作任务，从而保证服务器系统的运行效率始终处于非常理想的状态。同时，积极做好系统信息安全策略设置和系统数据备份也是重要的网络管理任务。

本章主要介绍了 Windows Server 2008 操作系统的性能管理、安全管理、数据备份知识，并结合一些具体实例介绍了系统性能与安全管理功能的实施步骤与方法。

学习目标

知识要求：

掌握 Windows Server 2008 系统的性能监视以及安全管理知识，应掌握关于性能监视器。知道系统安全管理的基本要求，了解系统备份的知识

岗位职业能力目标：

1）掌握几种系统管理工具的基本使用方法
2）能对 Windows Server 2008 的性能、可靠性进行监视
3）会使用 Windows Server 2008 事件查看器
4）能完成 Windows Server 2008 安全策略设置
5）能完成 Windows Server 2008 系统数据备份与恢复

5.1 任务1–了解系统管理的基本概念与方法

在 Windows Server 2008 网络操作系统管理中，管理员可以采用多种途径进行系统管理，在前面三章中，已经介绍了一些相关的管理工具和管理模式。总体上，网络管理员可以通过以下几种管理模式进行系统管理。

1．利用初始化配置工具进行管理

在系统安装结束并登录系统之后，会出现一个初始化配置工具窗口，管理员可以通过其完成有关的系统参数设置、补丁安装、防火墙设置等。此部分内容在本书第2章已经做了详细介绍，这里不再赘述。

2. 利用图形化界面管理工具进行管理

在日常管理中，比较常用的管理手段是利用图形化界面管理工具进行管理，管理员可以使用管理工具菜单提供的工具也可以通过 MMC 控制台自主添加管理单元来实施管理。采用图形化界面的好处是界面统一，管理方便。本书中大部分的管理如各种管理工具、服务器管理器均采用此种模式介绍。

3. 利用命令行模式进行服务器管理

很多网络管理员出于管理方便和安全的因素，经常会选用命令行模式来进行服务器的管理。例如 ServerManagerCMD 就是一个专门用于服务器管理的命令行工具，该命令用于支持管理操作，包括：添加和删除角色、角色服务、功能，以及用于显示安装的角色、角色服务、功能。

知识补充

ServerManagerCMD 命令的具体参数可以在命令行下输入“ServerManagerCMD/?”进行查看。其中-query、-install、-remove 是三个最常用的参数，分别用于查询、安装和删除服务器角色、角色服务和功能。例如，如果要查询本机安装了哪些服务，则在命令提示符窗口中输入命令“ServerManagerCMD-query”，回车后就可以查看到服务器的配置和功能，从而省去了在“服务管理器”的图形界面中来回地切换，如图 5-1 所示。显示结果一目了然，角色和功能会分成两组，另外已经安装的角色、角色服务、功能会以绿色显示并在该项的前面有[X]标识，没有安装的显示为白色且前面标识为[ ]。

4. 利用远程管理工具进行管理

Windows Server 2008 支持终端服务，同时支持远程桌面管理，通过远程桌面管理，管理员可以通过 WMI 获得网络状态信息。这样，管理员就可以在网络其他终端计算机实现对系统的远程管理。

此外，由于 Windows Server 2008 在安装时还支持 SERVERCORE 选项，一旦选择该选项进行安装，安装后的系统管理界面主要是 POWERSHELL 命令行模式。

图 5-1 ServerManagerCMD 命令窗口

5.2 任务 2–系统可靠性与性能监视

5.2.1 任务背景与分析

任务背景

在安装了 Windows Server 2008 系统并完成基本的系统参数、服务角色、功能设置以及相关的权限设置后，一台服务器基本就可以运行了。那么在运行过程中，该如何监视服务器的性能和可靠性呢，这一问题成为系统管理员日常工作的重点。例如，管理员在系统运行期间，必须根据系统实时的状态参数确定系统最佳还原事件时间以及设置 Windows 系统的页面文件大小，对这样比较实际的管理任务，管理员应如何操作呢？

任务分析

上述两个问题，管理员可以通过性能与可靠性监视器管理工具来解决。Windows Server 2008 作为网络操作系统，本身提供了强大的性能监视和安全管理功能，也提供了必要的系统备份和容错能力。其中，可靠性和性能监视器是一个 Microsoft 管理控制台（MMC）管理单元，它结合了早期独立工具（包括性能日志和警报、服务器性能审查程序和系统监视器）的功能。性能监视器为自定义性能数据收集和事件跟踪会话以及资源状况提供了图形界面。可靠性监视器是一个跟踪对系统的更改并将其与在系统稳定性上的更改进行比较，以提供其关系的图形视图的 MMC 管理单元。将二者结合在一起可以帮助管理员完成系统性能与可靠性监视任务。

管理一台服务器操作系统性能和可靠性的工作流程是：了解管理需求→确定管理基本参数要求→利用系统自带工具完成日常管理→根据参数变化调整系统配置。

5.2.2 任务实施–可靠性和性能监视的管理

在 Windows Server 2008 中，可靠性和性能监视器是一个设计供 IT 专业人员或计算机管理员使用的工具。下面通过几个技能实训实例来介绍 Windows Server 2008 中的可靠性和性能监视器的基本使用步骤。

1．实例 1：利用可靠性和性能监视器监视系统状态

1）进入服务器管理器，打开可靠性与性能监视器。

步骤 1：首先，管理员以特权账号登录进 Windows Server 2008 服务器系统，在该系统桌面中单击“开始”按钮，从弹出的“开始”菜单中依次选择“程序”→“管理工具”→“服务器管理器”命令，打开服务器管理器窗口，其界面如图 5-2 所示。

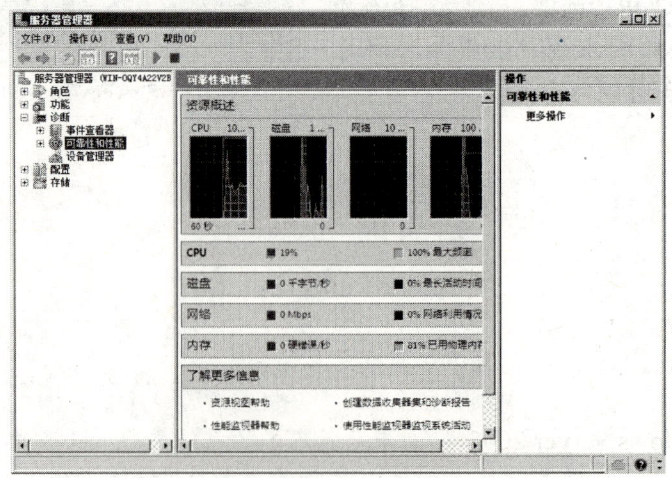

图 5-2 服务器管理器窗口

步骤 2：在该管理器窗口的左侧显示窗格中，依次展开“诊断”→“可靠性和性能”→“监视工具”→“性能监视器”分支选项，打开性能监视器窗口。

步骤 3：在“性能监视器”选项所对应的右侧显示窗格中，能很直观地看到如图 5-3 所示的服务器系统性能监视窗口，在该界面中能直观地看到系统每时每刻运行性能的变化。

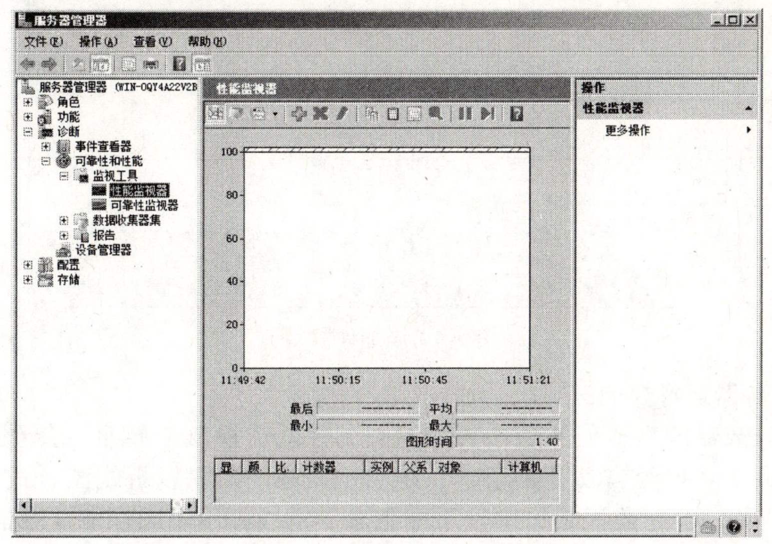

图 5-3　性能监视器窗口

技能提示

系统支持使用命令行模式来快速运行 Windows Server 2008 系统的性能监视器程序。首先打开系统的“开始”菜单，从中选择“运行”命令，在其后弹出的系统运行文本框中，输入字符串命令“perfmon”，单击回车键后，就可进入服务器系统的可靠性和性能监视器界面。在该界面的左侧显示区域，依次点选“监视工具”→“性能监视器”选项，就能打开服务器系统性能监视窗口。

2）添加性能计数器。

在默认状态下，服务器系统性能监视主界面中没有任何内容，这是因为没有添加计数器，此时管理员需要手工添加性能计数器。而“性能计数器”其实是系统状态或活动情况的度量单位，可靠性和性能监视器以指定的时间间隔请求性能计数器的当前值。性能监视器总共有超过 60 个基本性能对象，每个对象又包含多个计数器。添加性能计数器的步骤如下：

步骤 1：在添加性能计数器时，可以单击图 5-3 界面工具栏中的绿色“+”按钮，从弹出的如图 5-4 所示窗口界面中，选择“本地计算机”选项。

步骤 2：选择添加计数器，从可用计数器列表框中会看到许多计数器，同时根据类别进行了整理，此时可以根据实际需要选择某一个计数器或多个计数器，再单击“添加”按钮就可以了。一般管理员应重点监测处理器（Processor）、内存（Memory）、磁盘系统（logicalDisk）等。

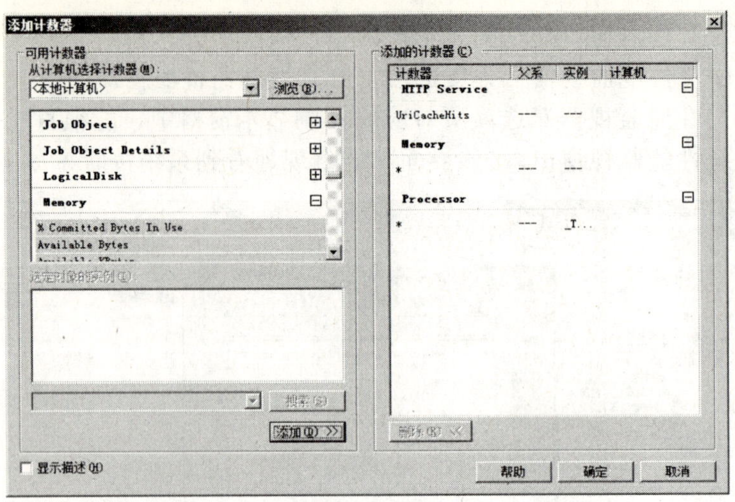

图 5-4　添加计数器

3）监控服务器运行性能。

完成性能计数器的添加任务后，再次返回到性能监视器主界面，会看到此时服务器系统的性能监视工作已经自动开始了。系统会把监视的结果以折线图方式显示出来。此外，性能监视器程序会在监视窗口中以不同色彩的折线标示不同性能计数器的统计结果，如图 5-5 所示。需要注意的是，若要在资源视图中查看实时状态，应以 Administrators 组成员的身份运行控制台。

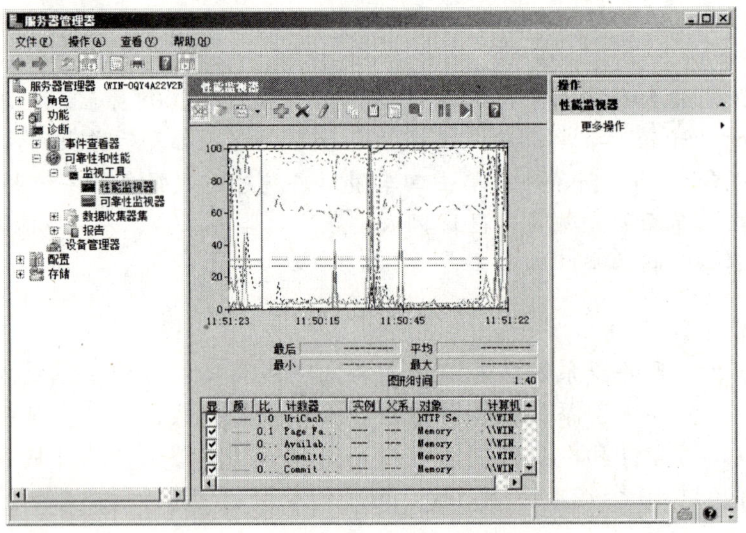

图 5-5　通过性能监视器监视系统状态

技能提示

如果对性能监视器窗口显示效果不满意时，可以自行修改性能监视器的显示属性。在修改性能监视器的显示属性时，用鼠标右键单击性能监视器的空白窗口，从弹出的快捷菜单中选择“属性”命令，打开显示属性窗口，在该窗口中可以对显示元素、报告和直方图数据、显示外观、显示数据、显示图表等内容进行设置，设置完毕后只要单击“应用”按钮就能使设置生效了，如图 5-6 所示。

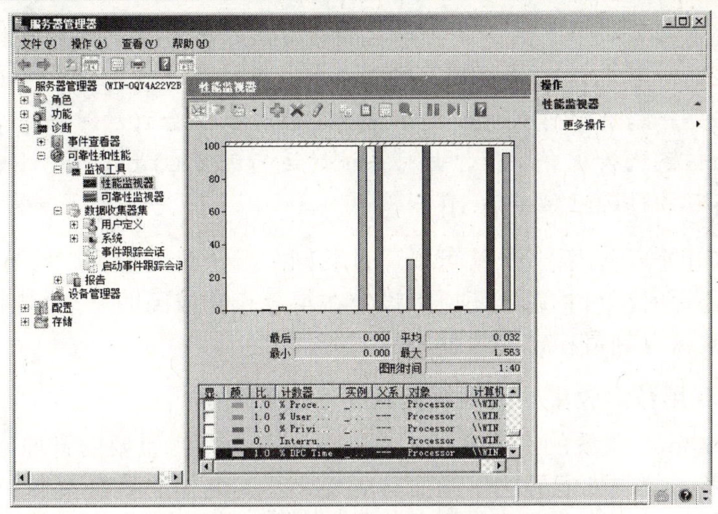

图 5-6　采用直方图显示系统性能状态

2. 实例 2：利用可靠性监视器确定系统最佳还原事件时间

当系统在长时间运行之后发生意外而出错时，最简单、最快速修复系统工作状态的方法就是利用系统还原功能，将系统恢复到以前的正常稳定状态。事实上，系统会在默认状态下记录下以往各个时刻的工作状态，管理员可以通过系统的可靠性监视器功能快速准确地找到系统以前最稳定的工作时刻。监测系统可靠性并确定系统最佳还原时间可以按照如下步骤进行：

步骤 1：进入对应系统的服务器管理器界面，并进入“可靠性监视器”子项，在对应目标子项的右侧子窗口中，就能非常清楚地看到系统指定一段时间里每时每刻运行的性能变化以及可靠性了，如图 5-7 所示。

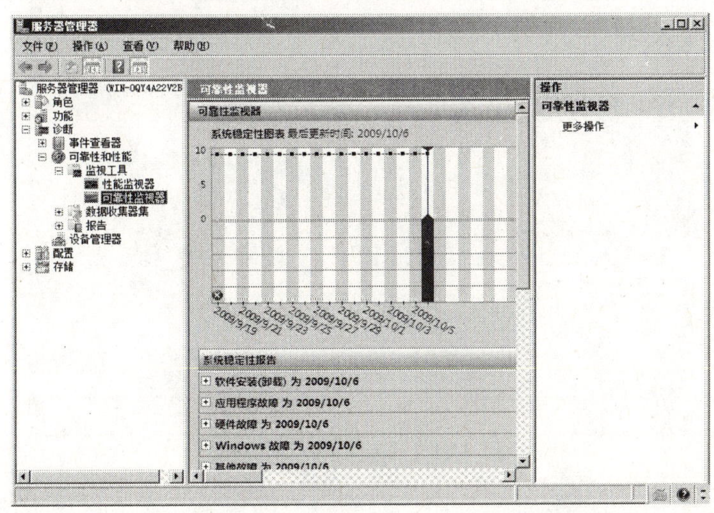

图 5-7　可靠性监视器窗口

步骤 2：管理员分析系统可靠性信息，确定系统最佳可靠性时间段。

技能提示

在可靠性监视器窗口中，红色叉号所在的位置表示系统在那一刻有错误操作存在，黄色感叹号所在的位置表示系统在那一刻有安全隐患操作存在，绿色字母 i 符号所在的位置表示系统在那一刻有操作成功的提示信息存在。系统会自动对每一个事件采集点收集来的五个方面信息进行综合评估，并对系统的运行稳定性进行量化评分，其中最稳定的系统状态，其可靠性的评估分为 10 分。

通过对图 5-7 的分析，管理员就可以通过其判断哪个时间段可靠性是最好的。一旦系统遇到意外需要还原时，可将系统还原点设定在得分点比较高的某个时刻，这样一来系统的工作状态才能被恢复到最稳定、最健康的系统。

3．实例 3：利用数据收集器集确定页面文件设置大小

如何设置 Windows 系统的页面文件大小实际上是一个很重要的管理问题，系统页面文件的大小应该依照系统硬件配置的不同而有所变化，其具体的数值大小完全可以由系统管理员自己做主。利用系统性能监视器所带的数据收集器功能，管理员就能推算出系统页面文件的合适大小。其操作步骤是：

步骤 1：首先，进入服务器管理器窗口，将鼠标定位于该管理器界面左侧列表中的“诊断”节点选项上，并从该节点选项下面依次展开“可靠性和性能”→“数据收集器集”。

步骤 2：右击“数据收集器集”，单击“用户定义”菜单，从弹出的快捷菜单中依次点选“新建”→“数据收集器集”命令，打开创建新的数据收集器集向导对话框。

步骤 3：在该对话框中设置好新的数据收集器集名称，假设在这里将新的数据收集器集名称取为“页面文件设置”，如图 5-8 所示，然后选中“手动创建”选项。

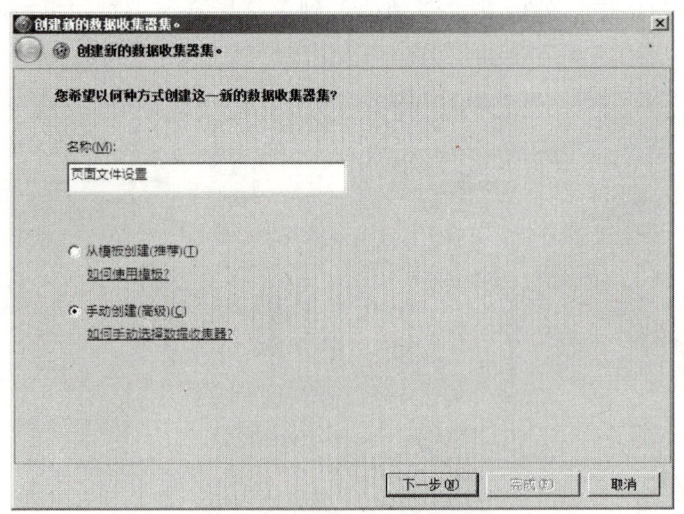

图 5-8　创建数据收集器集

步骤 4：单击“下一步”按钮，此时向导窗口会弹出提示要求选择合适类型的数据，可以在这里选择其中的“创建数据日志”选项，再选中对应选项下面的“性能计数器”子项。

步骤 5：单击“下一步”按钮，在其后弹出的向导设置窗口中单击“添加”按钮，打开如图 5-9 所示的设置对话框，从中将“Paging File”计数器选项下面的“Usage”项目选中，同时将“选定对象的实例”设置为“total”，再单击“确定”按钮返回到向导设置对话框。

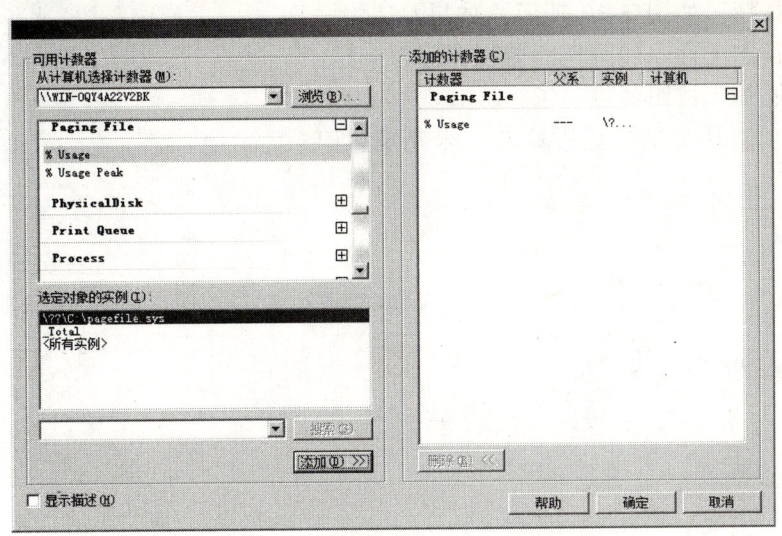

图 5-9　数据收集器集计数器设置对话框

步骤 6：依照屏幕中的向导提示，连续单击“下一步”按钮，直到单击“完成”按钮，如此一个针对“页面文件设置”的数据收集器集就被成功创建好了。

步骤 7：让系统正常工作一段时间后，再按照前面的操作步骤打开服务器管理器界面，将鼠标定位于该管理器界面左侧列表中的“诊断”节点选项上，并从该节点选项下面依次展开“可靠性和性能”→“数据收集器集”→“用户定义”→“页面文件设置”子项，并用鼠标右键单击“页面文件设置”子项，从弹出的快捷菜单中执行“停止”命令，让“页面文件设置”的性能计数器立即停止工作。

步骤 8：在对应“页面文件设置”子项的右侧空白区域，单击鼠标右键，从弹出的快捷菜单中点选“最新的报告”命令，在其后弹出的界面中就能非常直观地看到系统实际使用的系统页面文件大小与管理员人为指定的系统页面文件大小的百分比例。

现在只要将系统页面文件大小修改成让该数值略高于常用比例，就能保证系统既能高速稳定运行，同时系统硬盘空间资源又不会出现过度浪费的现象了。

通过上述任务的完成不难看出，系统提供的性能监视、可靠性监视可以有效地提供各种系统实时状态信息。通过与历史信息比对，管理员能动态连续地掌握系统的运行状况，保证系统能运行在最佳状态。

5.2.3　能力扩展

如果管理员想把当前的系统性能信息和历史信息比对，则通过性能监视器窗口，管理员还能查看服务器系统以前的性能状态，具体步骤是：

步骤 1：打开“服务器管理器”，进入可靠性与性能监视窗口。

步骤 2：单击“性能监视器”窗口中的性能数据窗口，右击窗口，选择“属性”。

步骤3：在属性页面将“源”选项卡打开。

步骤4：在“来源”标签中设置“数据源”为日志文件，选择服务器系统以前生成的日志文件，再用鼠标单击“添加”按钮，如图5-10所示。如果希望将服务器系统中多个日志文件添加到性能监视器窗口中时，只要再次单击“添加”按钮就可以了。

这样就可以对历史信息进行比对，来判别目前系统状态信息。

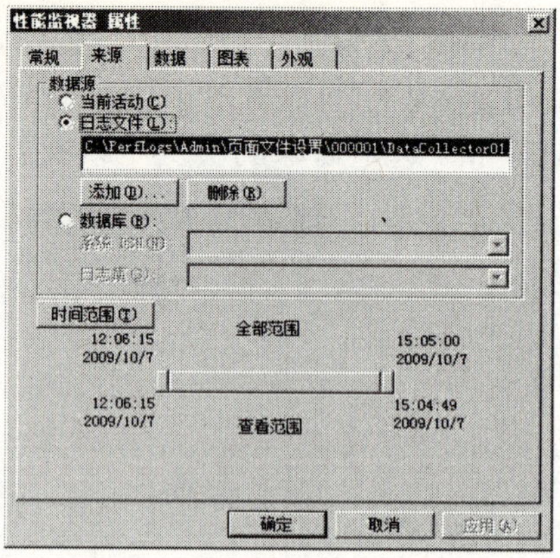

图5-10　设置日志文件来源

5.3　任务3-事件查看器的管理

5.3.1　任务背景与分析

任务背景

在Windows Server 2008服务器运行过程中，服务器系统中发生的各种重要事件，例如网络访问、系统登录、程序运行、资源调用等对管理员来说有必要进行记录和查看，以便获取有价值的信息。那么，在系统管理中管理员该如何获得、查看并利用这些事件信息呢？

任务分析

除了性能与可靠性监视器以外，利用好“事件查看器”也是管理员的日常工作之一。事件查看器可以帮助管理员查看系统事件、定制事件、创建和管理自定义视图、管理事件日志、清除事件日志、设置日志参数（日志大小，日志保留策略）、存档事件日志等。在系统出现问题时，能够通过记录的事件的内容（包括事件描述、事件来源、事件类型等）获得有价值的信息。

通过事件查看器，网络管理员既能了解服务器系统的运行状态，又能对暗藏在系统中的威胁进行及时处理，保证服务器系统的运行安全性。

其管理工作流程是：启动事件查看器→查看事件信息→对事件日志文件管理。

5.3.2　任务实施-事件查看器管理

1．打开并熟悉事件查看器窗口

步骤1：点击“开始”菜单，从中依次点选“设置”→“控制面板”→“系统和维护”→“管理工具”菜单，在弹出的管理工具列表窗口中单击“事件查看器”图标，打开事件查看器控制台窗口，如图5-11所示，也可以直接在服务器管理器窗口中打开。

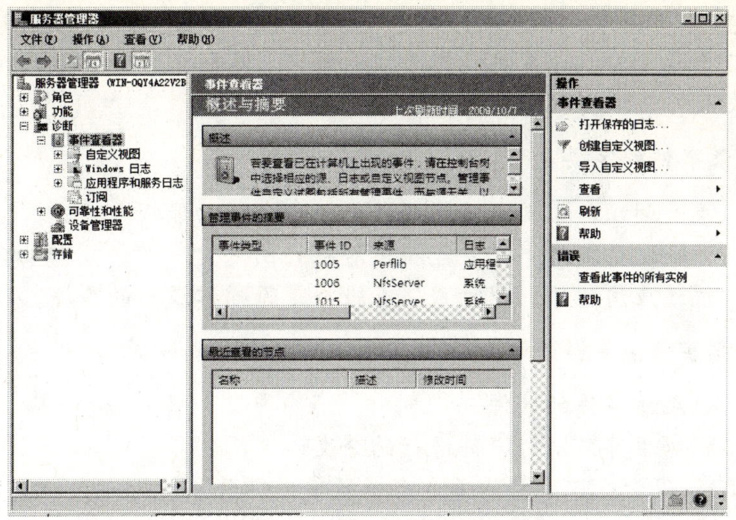

图 5-11 事件查看器窗口

步骤 2：在该窗口的左侧显示区域展开“Windows 日志”节点选项，从该选项下面会看到“系统”、“安全”、“应用程序”、“转发的事件”、“Setup”等不同类别的事件内容，用鼠标双击具体事件就可以看到相关事件信息，如图 5-12 所示。

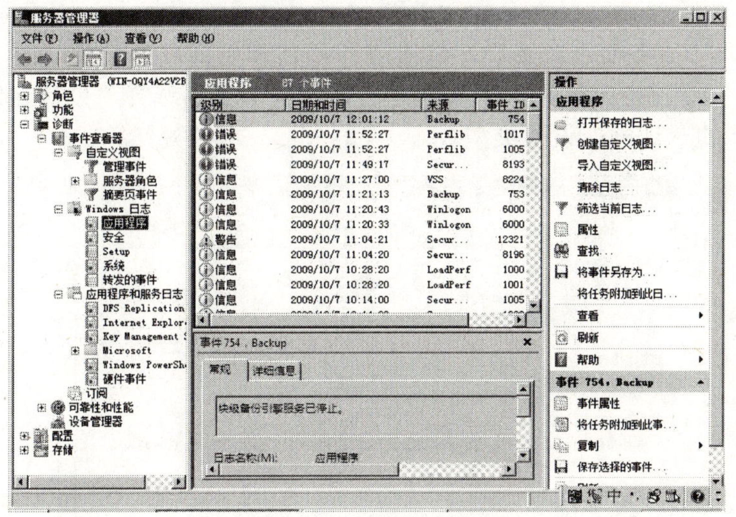

图 5-12 Windows 日志信息

知识补充

关于事件日志，一些相关的知识概念是：

1．几种重要的日志分类

（1）应用程序日志 包含由应用程序或系统程序记录的事件，主要记录程序运行方面的事件。

（2）安全性日志 记录了诸如有效和无效的登录尝试等事件，以及与资源使用相关的事件。例如创建、打开或删除文件或其他对象。管理员可以使用组策略来启动安全性日志。

（3）系统日志　主要包含系统组件记录的事件，例如在启动过程中加载驱动程序或其他系统组件失败将记录在系统日志中。

2. 日志记录事件的主要类型

（1）错误　重大问题，出现严重问题或数据丢失及功能损失。

（2）警告　不一定重要的事件也能指出潜在的问题。

（3）信息　描述应用程序、驱动程序或服务是否操作成功的事件。

3. 具体日志事件主要组件组成

（1）来源　记录该事件的软件。

（2）类别　根据事件来源对事件进行的分类。

（3）事件 ID　用于标识事件的每个来源的唯一编号。

（4）用户　在事件发生时处于登录状态并执行工作的用户的用户名。N/A 表明该条目没有指定某个用户。

2. 创建自定义视图

管理员可以根据自己的管理习惯和对事件的关注度来修改事件查看的显示视图，具体步骤如下：

步骤 1：进入“服务器管理器”，依次展开，打开“事件查看器”。

步骤 2：选中“自定义视图”，或者右击某事件类型，选择“创建自定义视图”，出现如图 5-13 所示的对话框，设置类型。

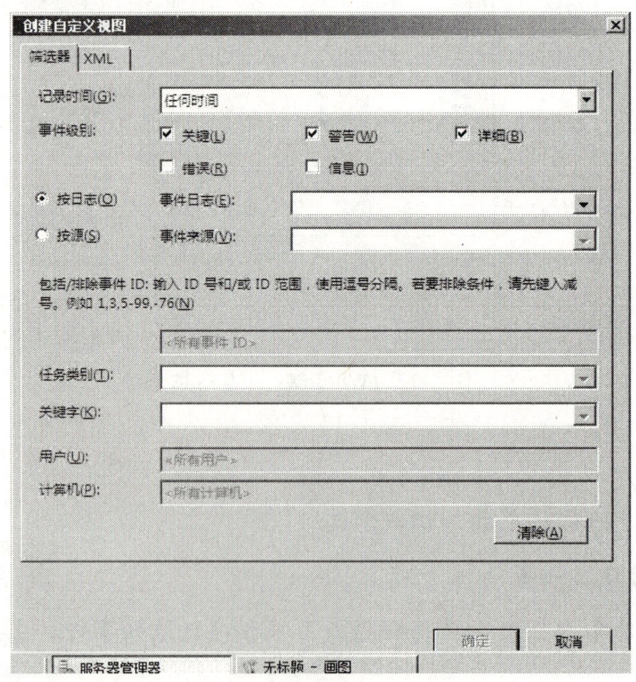

图 5-13　创建自定义视图

步骤 3：点击“确定”按钮，保存到自定义视图。

3. 保存，打开事件日志

（1）保存日志　对于事件日志，管理员应定期将日志文件保存，并在需要查阅的时候调看事件日志。保存日志并不复杂，在事件查看器窗口中按照下列步骤操作：

步骤 1：在控制台树中，用鼠标右键单击要保存的日志类型，然后用左键单击“将事件另存为”，如图 5-14 所示。

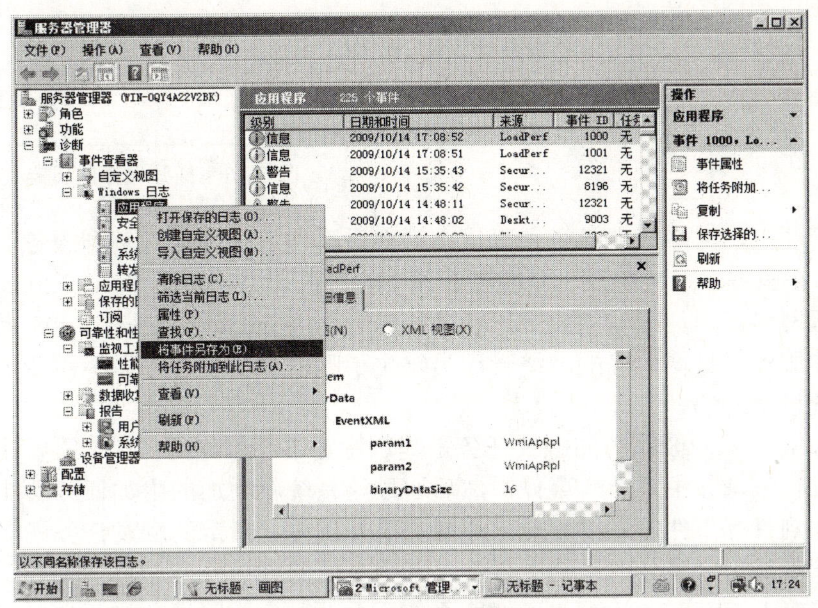

图 5-14　事件日志保存

步骤 2：在“保存类型”框中，单击所需的格式，指定文件名和保存文件的位置，然后单击保存，如图 5-15 所示。此类文件可以在日后管理过程中被管理员调用查看。

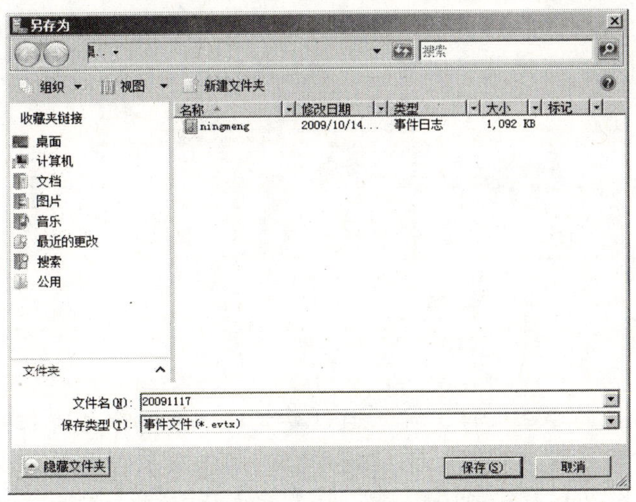

图 5-15　确定日志保存位置和类型

（2）打开事件日志　如果要打开系统某天的日志，则按照如下步骤操作。

步骤 1：在事件查看器控制台窗格，右击某事件类型，选择“打开保存的日志”。

步骤 2：选择要打开的日志文件，点击“打开”按钮，如图 5-16 所示。

步骤 3：根据系统提示打开需要查看的日志文件。

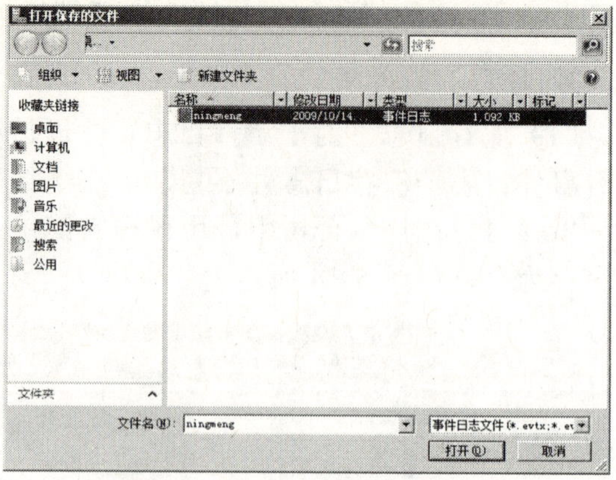

图 5-16　打开保存的日志文件

5.3.3　能力扩展

在日常管理中，网络管理员必须每次主动查看事件日志才能了解到服务器系统中发生了什么事情。在服务器系统中发生了重要事情时，能否让 Windows Server 2008 系统自动弹出窗口来提醒网络管理员呢？完成上述任务可以利用 Windows Server 2008 系统提供的触发器功能，让服务器自动地提醒网络管理员发生了哪些重要事件，而不需要每次采用手工方式查看系统日志文件。

Windows Server 2008 系统的触发任务是基于特定事件创建的，首先需要让系统能对某个故障现象进行记录并生成一个事件，然后通过该系统新增加的附加任务功能，将指定的触发任务附加到目标事件中，以后一旦相同的事件发生，指定的触发任务就能自动运行，来通知网络管理员当前服务器系统中发生了哪些重要的事情。

在默认状态下，Windows Server 2008 系统不会对某个故障现象进行自动记录，必须对具体的故障现象进行审核，这样，Windows Server 2008 系统的事件查看器才能对具体的故障现象进行跟踪记录。一旦对指定操作启用了审核功能后，Windows Server 2008 系统就会在对应的日志文件中自动记录下相关的操作事件。

创建成功的各个触发任务会自动出现在 Windows Server 2008 系统的任务计划列表中，进入任务计划列表窗口，这样就可以对已有触发任务进行管理、设置了。

5.4　任务 4–系统安全管理

5.4.1　任务背景与分析

任务背景

对于一个网络系统的安全来说，可以通过安装网络硬件防火墙来保护网络整体安全。对于服务器来说，这些还是不够的，系统的安全漏洞以及来自内部的安全攻击隐患时刻威胁着服务器的安全。作为网络管理员，除了设置系统补丁自动更新，开启 Windows 防火墙以外，还能执行哪些操作呢？

任务分析

对于 Windows Server 2008 系统安全管理来说，管理员应主动地根据网络业务需求设置不同的安全策略。本地组策略是管理员为用户和计算机定义并控制程序、网络资源及操作系统行为的主要工具。通过本地组策略，管理员可以设置对服务器的一些操作限制以及网络访问控制，对一些功能和服务做出相应的安全保护。

在 Windows Server 2008 系统中，本地安全策略实际就是一套分类别实施的安全管理规则的集合。通过安全策略，管理员可以确定系统一些安全选项，来完善系统安全。

其工作流程是：分析服务器系统安全隐患→确定安全策略→设置安全策略选项。

5.4.2 任务实施–本地安全策略的实施

安全策略的管理实际比较复杂，本节通过一些具体实例来完成本地安全策略管理任务。

1．熟悉本地安全策略工具

首先，点击“开始”菜单，并选择“运行”菜单，在其后弹出的运行对话框中输入命令“gpedit.msc”，进入本地服务器系统的本地组策略编辑器界面，如图 5-17 所示。

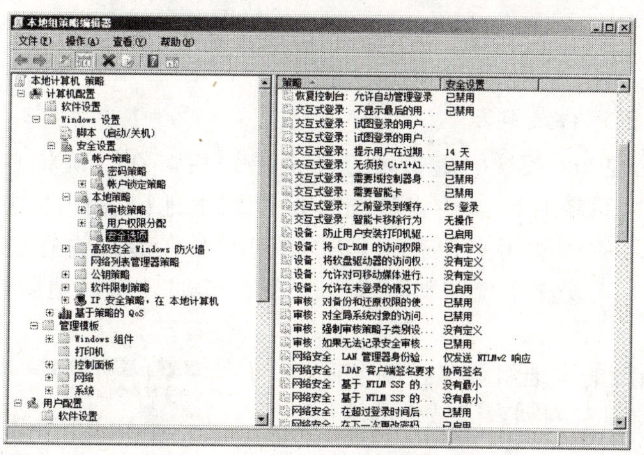

图 5-17　本地组策略编辑器窗口

通过该窗口不难看出，实际上所谓本地组策略就是针对服务器系统不同的安全事件设置的规则的集合。例如账户策略、本地策略等，其中本地策略又分为审核策略、用户权限分配、安全选项等。

2．利用本地安全策略实施系统保护

本地安全策略主要是通过设置来实现对服务器系统安全的保护，下面通过几个实例来介绍相关操作。

实例 1：设置防火墙保护所有连接。

管理员可以修改 Windows Server 2008 服务器系统的本地组策略，来强制要求防火墙程序自动保护所有网络连接，下面就是具体的设置步骤：

步骤 1：在本地组策略窗口，将鼠标定位于“计算机配置”→“管理模板”→“网络”→“网络连接”→“Windows 防火墙”→“标准配置文件”。

步骤 2：在“标准配置文件”分支选项下面，用鼠标双击“Windows 防火墙：保护所有网络连接”组策略选项，打开如图 5-18 所示的目标组策略属性界面。选中该界面中的“已启用”项目，最后单击“确定”按钮，这样，服务器系统自带防火墙就能强行保护所有网络连接了。

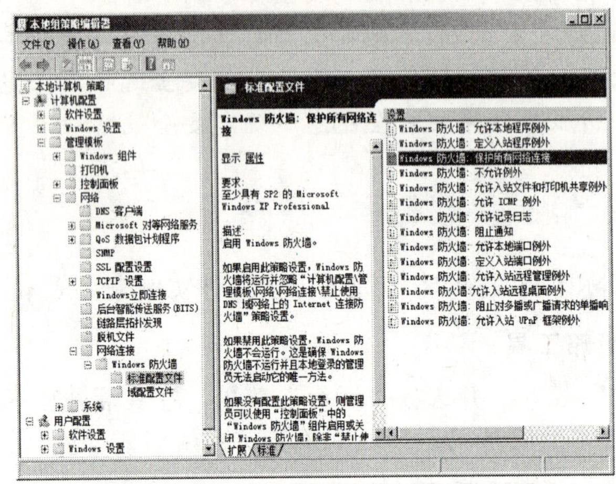

图 5-18　设置 Windows 防火墙安全策略

实例 2：封堵虚拟内存漏洞。

Windows Server 2008 系统的虚拟内存功能启用后，在默认状态下支持在内存页面未使用时，自动使用系统页面文件将其交换保存到本地磁盘中，这么一来一些具有访问系统页面文件权限的非法用户，就可能访问到保存在虚拟内存中的隐私信息。为了封堵虚拟内存漏洞，应设置系统在执行关闭系统操作时，自动清除虚拟内存页面文件，具体步骤是：

步骤 1：进入系统的本地组策略控制台窗口，依次展开该控制台窗口左侧列表区域中的“计算机配置”节点分支，再从该节点分支下面依次点选“Windows 设置”→“安全设置”→“本地策略”→“安全选项”，在对应的“安全选项”右侧列表区域中，找到目标组策略“关机：清除虚拟内存页面文件”选项。

步骤 2：接着用鼠标右键单击“关机：清除虚拟内存页面文件”选项，从弹出的快捷菜单中执行“属性”命令，打开如图 5-19 所示的目标组策略属性设置窗口，选中其中的“已启用”选项，同时单击“确定”按钮保存好上述设置操作。

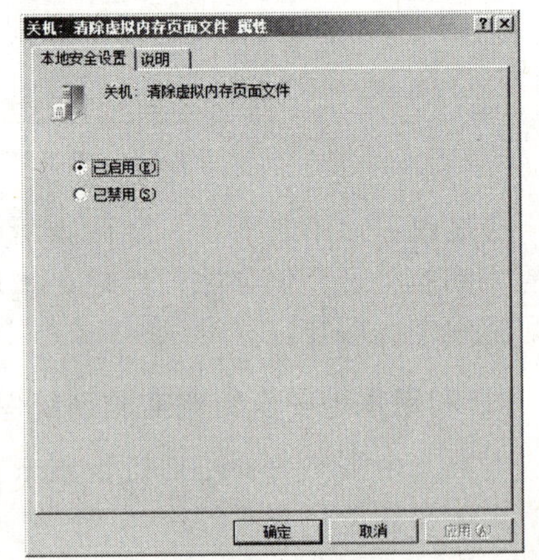

图 5-19　设置关机清除虚拟内存页面文件

实例 3：封堵特权账号漏洞。

与普通服务器系统一样，在默认状态下 Windows Server 2008 系统仍然会优先使用 Administrator 账号尝试进行登录系统操作，一些非法攻击者往往也会利用 Administrator 账号漏洞，来尝试破解 Administrator 账号的密码，并利用该特权账号攻击重要的服务器系统。为了封堵特权账号漏洞，管理员可以做如下策略设置操作：

步骤 1：打开对应系统的本地组策略控制台窗口，其次选中组策略控制台窗口左侧位置处的“计算机配置”节点选项，同时从目标节点下面逐一展开“Windows 设置”→“安全设置”→“本地策略”→“安全选项”。

步骤 2：再用鼠标双击“安全选项”分支下面的“账户：重命名系统管理员账户”目标组策略选项，如图 5-20 所示。

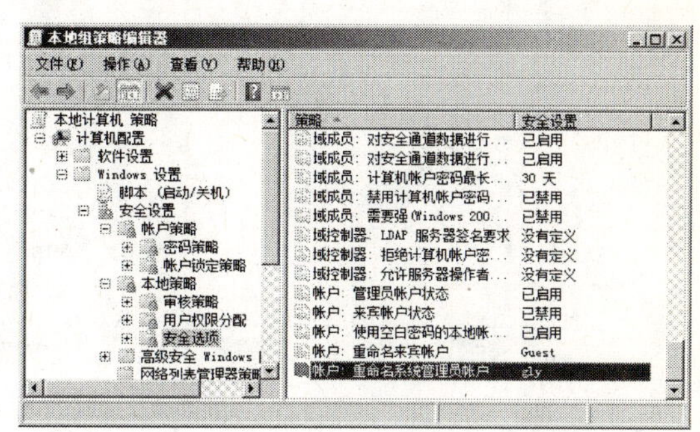

图 5-20 设置重命名系统管理员账户策略

步骤 3：在“账户：重命名系统管理员账户”选项设置窗口的“本地安全设置”标签页面中，为 Administrator 账号重新设置一个攻击者不知道的新名称，比方说将其设置为“gly”，再单击“确定”按钮执行设置保存操作，那样一来就能成功封堵 Windows Server 2008 系统的特权账号漏洞了。

3. 本地策略与事件触发器的综合应用–监控账号管理操作

前面章节中已经简单介绍了什么是触发器，利用事件触发器功能，管理员可以对 Windows Server 2008 服务器系统的运行状态进行即时监控，一旦服务器系统发生意外事件时，触发器能够自动把发生的事件通知给服务器管理员，以便管理员在第一时间采取措施保护服务器运行状态不受影响。在本例中，通过设置管理员可以对系统账号的创建行为进行跟踪，一旦有非法账号创建时，管理员能够及时收到报警信息，具体步骤如下：

步骤 1：打开系统的本地安全策略列表窗口，依次点选其中的“安全策略”→“审核策略”→“审核账户管理”选项，并用鼠标双击该选项，之后选中“成功”或“失败”选项，再单击“确定”按钮，系统就能自动跟踪并记录添加或删除用户账号事件了，如图 5-21 所示。

步骤 2：接着用鼠标右键单击“计算机”图标，从弹出的快捷菜单中执行“管理”命令，打开对应系统的计算机管理窗口，在该管理窗口的左侧显示区域依次选中“配置”→“本地用户和组”→“用户”选项，并用鼠标右键单击该选项，再执行右键菜单中的“新用户”命令，在其后弹出的用户账号创建对话框中，随意创建一个新的用户账号，这时系统的事件查看器窗口中就会自动生成一个创建新用户账号的事件，如图 5-22 所示。

步骤 3：打开事件查看器控制台窗口，在该窗口的左侧显示区域展开“Windows 日志”节点选项，然后从该选项下面的“系统”分支下面找到刚刚创建好的创建新用户账号事件。

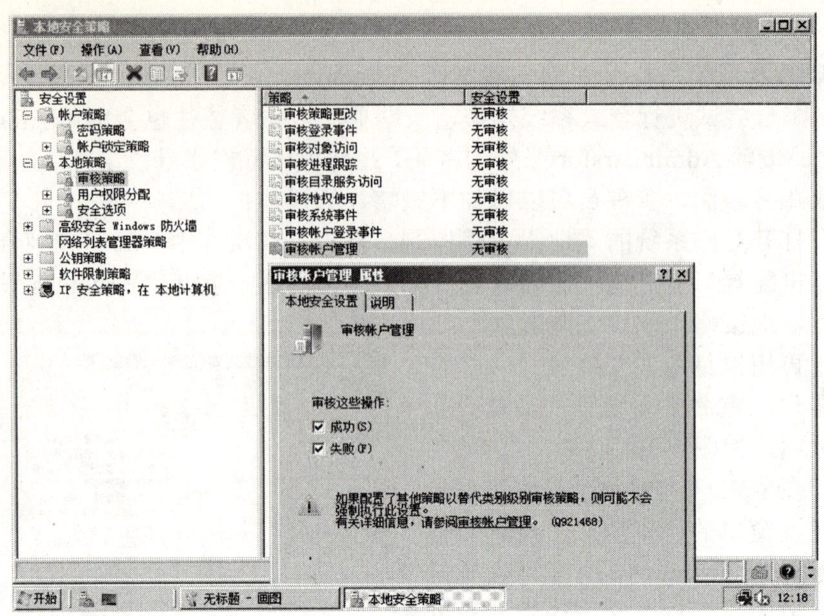

图 5-21　设置对账户管理进行审核

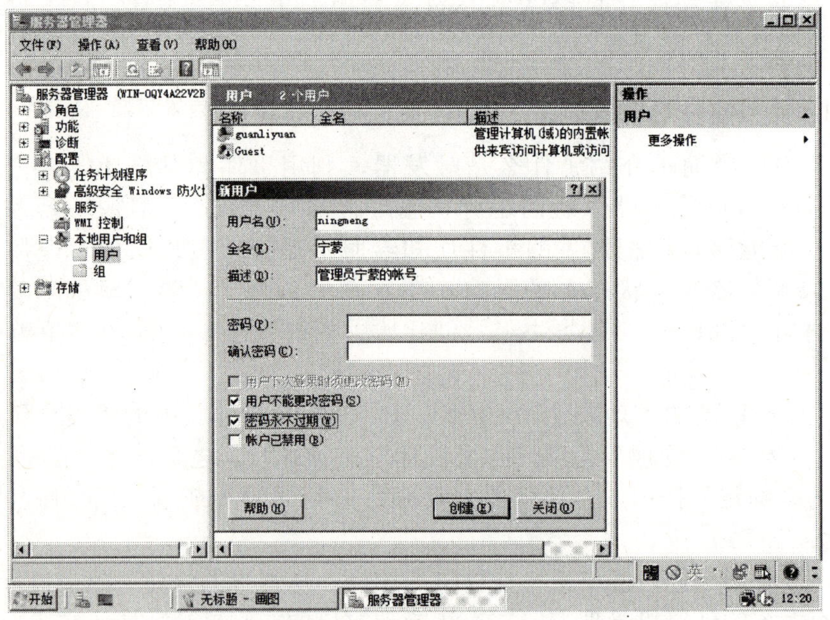

图 5-22　创建一个新用户

步骤 4：用鼠标右键单击该事件选项，从弹出的快捷菜单中点选“将任务附加到此事件”命令，如图 5-23 所示。打开触发任务创建向导对话框，依照向导提示设置好新任务的名称为“监控非法创建账号”，选中触发方式为“显示消息”，将触发内容设置为“系统中有账号怀疑被非法创建”，最后单击“完成”按钮，如此一来“监控非法创建账号”的触发任务就创建成功了。

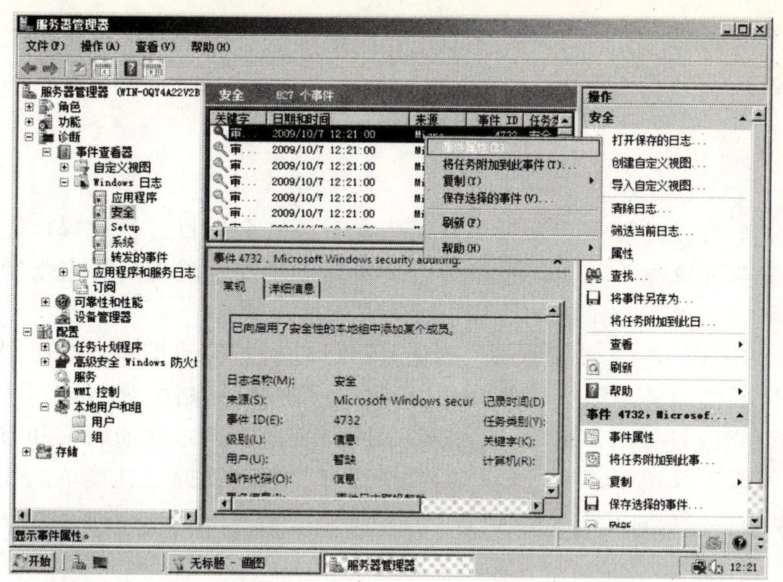

图 5-23　将任务附加到事件

4. 查看触发事件

以系统管理员权限登录系统，依次单击该系统桌面中的“开始”→“程序”→“附件”→“系统工具”→“任务计划程序”命令，打开对应系统的任务计划列表窗口，用鼠标逐一展开“任务计划程序库”→“Microsoft”→“事件查看器任务”分支选项，在对应的“事件查看器任务”分支选项的中间显示区域，会看到系统中所有已经创建成功的触发任务，如图 5-24 所示。

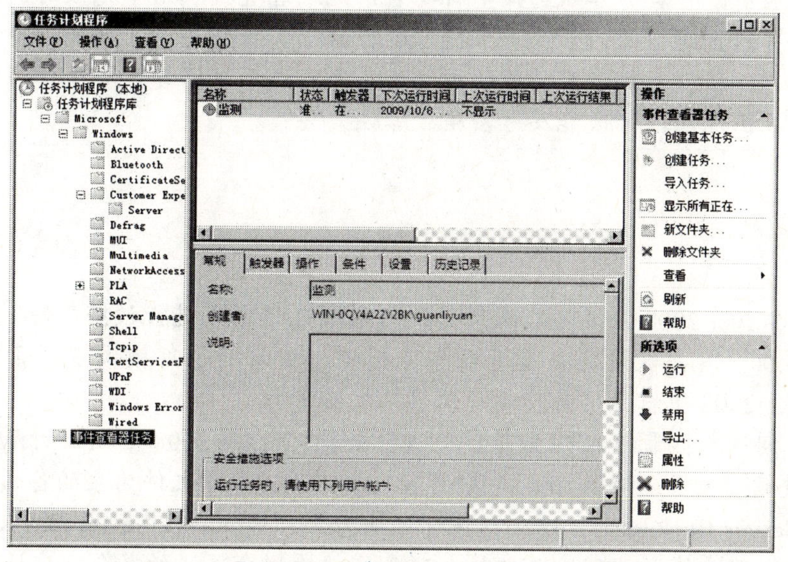

图 5-24　通过任务计划程序窗口查看触发器事件

日后，一旦服务器系统中有人非授权创建用户账号时，服务器系统屏幕上将会自动出现报警提示信息，看到信息，网络管理员就知道有非法用户在服务器系统中非授权创建用户账号了，此时网络管理员应该及时将新创建的陌生账号删除掉，以防止陌生账号给服务器的稳定运行带来安全威胁。

5.4.3 能力扩展

在前面的安全设置过程中，管理员需要依次对各安全项目进行设置，能否通过一种模式进行系统的安全配置呢？其实，系统为管理员提供了安全配置向导来帮助管理员完成创建、编辑、应用或回滚安全策略的过程。

安全策略（SCW）是一个基于角色的工具：可以用于创建策略，以启用所选服务器执行特定角色时所需的服务、防火墙规则和设置。使用安全策略配置向导创建的安全策略是一个.xml 文件，完成设置后，可以配置服务、网络安全、特定注册表值和审核策略。

考虑篇幅原因，这里不再一一展开，管理员可以通过管理工具菜单，找到“安全配置向导”，按照系统提示完成安全配置过程。

5.5 任务5–系统灾难保护与故障恢复

5.5.1 任务背景与分析

任务背景

保存在服务器硬盘中的重要数据信息一旦丢失，那可能会给网络管理带来致命的损失。单机系统一旦崩溃，管理员可以选择重新安装系统或者直接利用事先做好的系统备份进行还原。作为服务器系统，因为系统一旦投入运行后，其服务角色、功能、安全选项等的设置是非常麻烦的，所以不能利用简单的文件恢复来完成系统修复，那么作为管理员应如何操作保证系统在出现问题时候能及时实施故障恢复呢？

任务分析

Windows Server 2008 系统不能采用传统的网络克隆方式进行数据备份，这是因为网络服务器不是单机，其参数设置信息是动态变化的。正常的管理模式下，管理员可以利用 Windows Server 2008 中自带的备份还原工具来实施管理。

相对于早期版本自带的 NTBACKUP，Windows Server 2008 中提供的 Windows Server Backup 更为先进，更快、更灵活。早期的 NTBACKUP 是以文件为主的备份和还原工具，而 Windows Server Backup 则是以磁盘区和区块为主。Windows Server Backup 会将它的备份来源当作一组磁盘区来处理，并把每个磁盘区视为磁盘区块的集合。这远比透过文件系统备份文件要有效率。依区块来处理备份也允许 Windows Server Backup 利用磁盘区阴影复制服务快照集来执行区块层级的增量备份，并允许在目标磁盘区上建立快照集以简化多个备份的使用（减少多个备份使用的空间）。

虽然 Windows Server Backup 是 Windows Server 2008 唯一内建的备份解决方案，但它并非取代 NTBACKUP 功能。两者最大的差别是，Windows Server Backup 是磁盘对磁盘的备份解决方案，它并不支持备份到磁带。用户可以在直接连接的磁盘区、网络共享，甚至是外部 USB 硬盘机等上建立备份，但无法备份到磁带。

其工作流程是：检查系统状态→启动数据备份功能→系统出现问题时启动系统恢复。

5.5.2 任务实施–数据备份与恢复

Windows Server Backup 组件程序在默认状态下并没有被安装运行，管理员需要先将该组件程序安装好，才能通过它进行全新的数据备份操作，其步骤如下：

步骤 1：单击“开始”菜单，从中依次点选“程序”→“管理工具”→“服务器管理器”菜单项，进入对应系统的服务器管理器界面。

步骤 2：展开该界面左侧显示区域中的“功能”分支，再单击该分支下面的“添加功能”按钮，打开如图 5-25 所示的功能添加向导窗口。

步骤 3：检查该向导窗口中的“Windows Server Backup”选项有没有被选中，如果看到该选项还没有处于选中状态时，则选中它，并单击“下一步”按钮，紧接着依照提示就能安装好 Windows Server Backup 组件程序了。

安装结束后，将在“管理工具”菜单中出现“Windows Server Backup”菜单项。

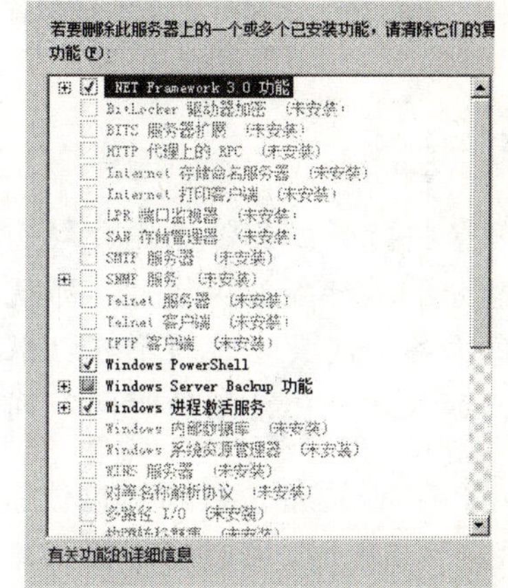

图 5-25 安装 Windows Server Backup 功能

1. 利用 Windows Server Backup 进行系统备份

下面介绍通过 Windows Server Backup 组件程序来对 Windows Server 2008 系统中的重要数据信息进行备份的操作。例如，如果对 C 盘进行备份操作时，可以按照下面的操作步骤来进行：

步骤 1：首先打开“开始”菜单，从中依次单击“程序”→“管理工具”→“Windows Server Backup”菜单命令，打开对应的操作窗口，单击该窗口右侧显示区域中的“备份计划”选项，单击“下一步”按钮，进入备份向导配置对话框。

步骤 2：设置自定义备份选项，Windows Server 2008 系统默认会备份整个服务器系统，由于现在只要对操作系统所在的磁盘分区进行数据备份操作，因此需要选中图 5-26 界面中的“自定义”选项，之后选中操作系统所在的磁盘卷（该选项默认会被自动选中）。

步骤 3：设置备份参数，根据向导提示设置好备份时间参数，Windows Server 2008 系统在默认状态下会对目标数据内容进行“每日一次”的备份操作，由于这里仅仅需要备份操作系统，因此可以将备份时间调整得稍微长一些，如图 5-27 所示。

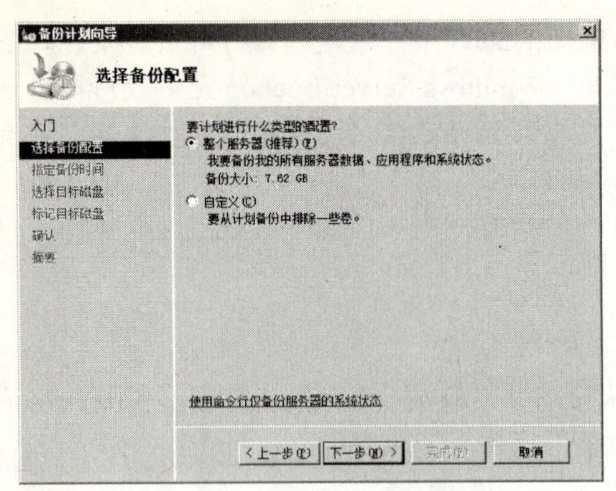

图 5-26　选择自定义备份配置

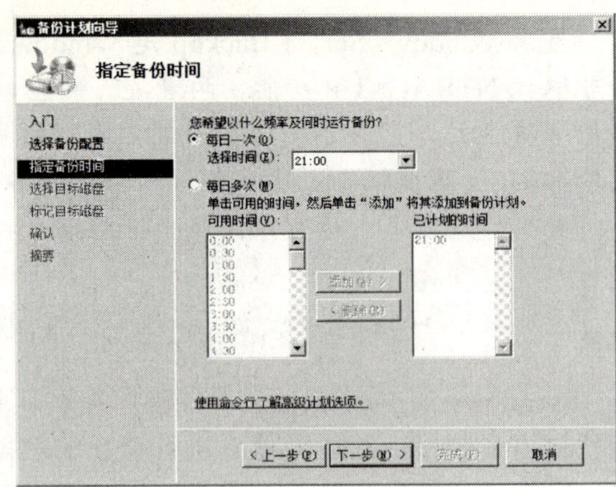

图 5-27　指定备份时间

技能提示

频繁执行数据备份操作会影响服务器系统的工作状态。如果要对重要数据信息所在的磁盘分区进行备份操作时，那就要根据数据的重要程度来选用“每天多次”备份选项了；每次备份的具体时间都可以根据实际情况进行合适的指定，然后将每次的备份时间点逐一加入到“已计划的时间”列表中。

步骤 4：设置备份目标磁盘位置。当备份向导要求指定目标磁盘页面时，可以将连接到本地服务器主机的外部磁盘对应的分区选中，同时依照屏幕向导完成分区的格式化操作，最后单击向导界面中的“关闭”按钮退出数据备份向导对话框，如图 5-28 所示。

图 5-28　设置存储类型

技能提示

如果考虑到保管和携带的问题，也可将存储目标设置为 DVD 光盘，具体操作是将 DVD 空白光盘放入到对应光驱中，之后选中“本地驱动器”选项，再单击“下一步”按钮，从其后出现的设置窗口中选中 DVD 刻录光驱对应的盘符，同时选中“写入后验证”选项，最后单击“备份”按钮，就可以执行备份操作。如果光盘的容量不够，Backup 功能会自动地将待备份的数据内容分割存储在多张不同的 DVD 光盘中。

到了事先约定的备份时间时，Windows Server Backup 组件程序就会自动根据设定参数进行数据备份操作，并且会自动将重要数据内容备份保存到指定的外部磁盘分区中。

2. 利用 Windows Server Backup 进行系统还原恢复

Windows Server 2008 系统的 Backup 功能在执行系统恢复功能的时候，能自动识别出目标备份文件是使用了完全备份方式，还是增量备份方式，并根据备份方式的不同进行不同方式的数据还原操作。其具体步骤是：

步骤 1：点击“开始”菜单，从中逐一点选“设置”→“控制面板”→“管理工具”→“Windows Server Backup”选项。

步骤 2：在弹出的备份主操作窗口左侧位置处点选“恢复”按钮，弹出如图 5-29 所示的数据恢复向导对话框。

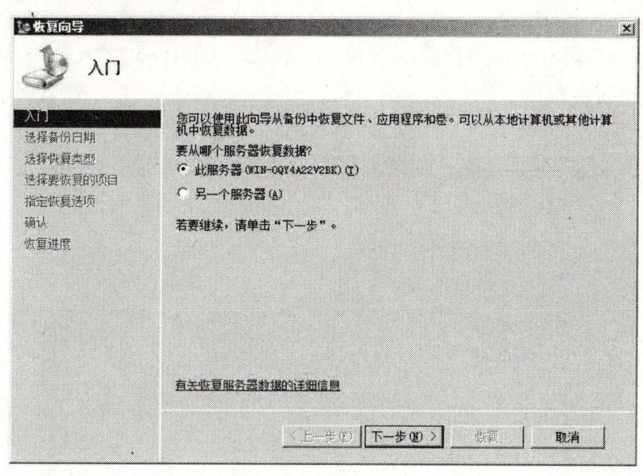

图 5-29　恢复向导

步骤 3：按照屏幕提示选中目标备份文件所在的位置选项，如果保存在本地的话，可以选中这里的“此服务器”选项，如果目标备份文件位置在网络文件夹中的话，可以选中这里的“另一个文件”选项，之后依次选择好具体的目标备份文件、恢复类型，最后单击“确认”按钮，Windows Server 2008 系统就会自动进行数据恢复操作了。

技能提示

使用普通的数据备份功能备份好数据信息后，日后还原数据时往往比较麻烦，特别是执行增量备份操作的数据内容，更需要管理员逐步地进行手工还原，显然这样的数据还原操作效率十分低下。不过，新的数据备份功能可以在进行数据还原操作时，自动判断出数据备份内容中的增量备份部分，之后对增量备份的内容一次性进行快速还原，而不需要管理员进行人工参与，这样一来就能轻松享受到简洁的数据还原服务。

5.5.3　能力扩展

为了用好 Windows Server Backup 组件程序，让数据备份效率更高一些，一些备份技巧还是需要掌握的。

1. 禁止用户对重要信息进行备份

对于系统中保存的一些重要的信息，为了防止一些系统管理员将这些信息通过备份手段窃取，可以修改 Windows Server 2008 系统的组策略参数，禁止任何用户对重要信息所在的磁盘分区进行备份，下面就是具体的修改步骤：

步骤 1：打开 Windows Server 2008 系统的组策略编辑界面。

步骤 2：展开该组策略编辑界面左侧子窗格中的“计算机配置”分支，并从该分支下依次点选“管理模板”→“Windows 组件”→“备份”→“服务器”分支选项，从“服务器”分支选项下面找到“仅允许系统备份”子项，并用鼠标双击该选项打开对应组策略子项的属性设置界面。

步骤 3：在该设置界面中单击“设置”选项卡，打开如图 5-30 所示的选项设置页面，检查“已启用”选项是否处于选中状态，依次单击“应用”→“确定”按钮关闭组策略属性设置对话框。

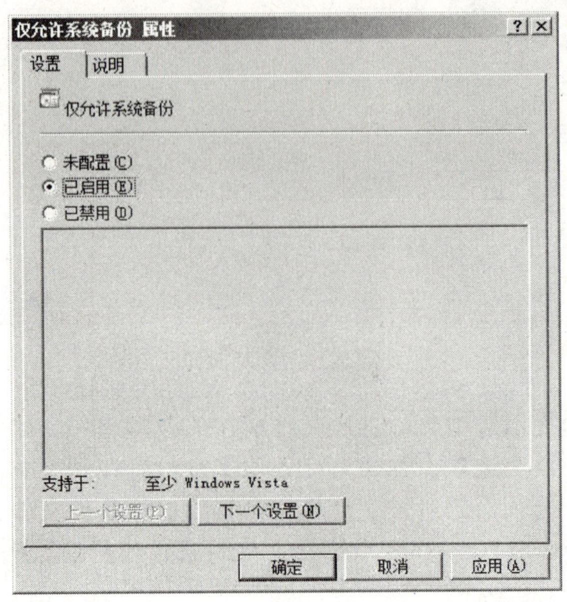

图 5-30　设置系统备份属性

2. 执行增量备份操作

如果管理员频繁进行数据备份操作，对系统来说，会直接导致服务器数据备份效率低下。为了提高数据备份效率，可以通过设置让系统的数据备份功能能够始终执行增量备份操作，下面就是具体的设置步骤：

步骤 1：点击“开始”菜单，从中依次单击“程序”→“管理工具”→“Windows ServerBackup”菜单命令。

步骤 2：打开对应功能程序的主操作窗口，在该窗口的右侧子窗格中单击“配置性能设置”选项，进入备份性能配置对话框。

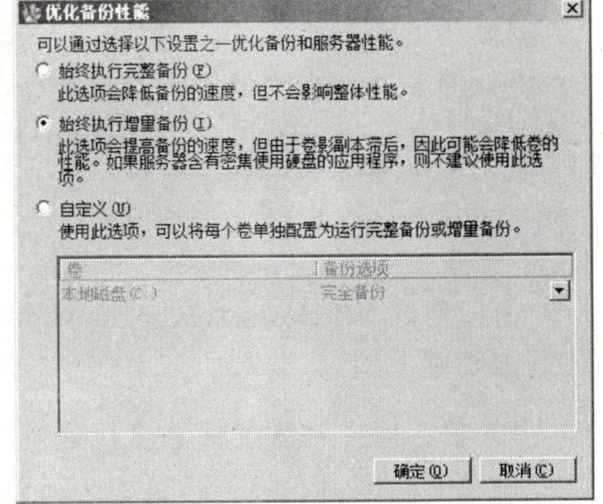

图 5-31　优化备份性能

步骤 3：在该配置对话框中点选“始终执行增量备份”选项，最后单击“确定”按钮，如此一来系统日后在对目标磁盘分区进行数据备份操作时，就会自动进行增量备份操作了，如图 5-31 所示。

5.6 拓展强化训练

1. 知识复习

1）Windows Server 2008 的管理手段模式有哪些？

2）Windows Server 2008 系统提供的计数器有多少类？

3）Windows Server 2008 的主要事件类型分别是什么？

4）系统备份和还原与文件复制保存有什么区别？

2. 能力训练

1）通过几种方法进入服务管理器，查询当前系统安装的服务以及正在运行的服务。

2）进入服务器管理器，对系统性能监视，要求能对处理器、内存、磁盘访问的性能进行观察。

3）打开事件查看器，查看系统日志，对事件信息查看，保存该类事件在 D 盘用户目录下。

4）设置安全策略，要求对系统账号添加进行监控，强制用户修改管理员用户名。

5）设置安全策略，设置系统用户密码长度必须大于 8 位。

6）完成对系统数据备份操作。

第 6 章

DNS，DHCP 服务器配置与管理

基于 TCP/IP 协议的网络进行通信和连接时，每一台主机均有一个唯一的标识以区别在网络上的计算机。在网络管理应用中，可以采用的寻址方式主要分为两种：IP 地址系统和域名地址系统。如何管理 IP 地址的分配以及实现 IP 地址与域名的对应解析，是网络管理中非常重要的岗位技能。

本章将从介绍 TCP/IP 协议、IP 地址的管理方法开始，通过具体任务详细讲解 DNS、DHCP 服务器配置与管理，最后结合实践强化提高用户的掌握水平。

学习目标

知识要求：

了解 DNS，DHCP 服务器基本概念，掌握 IP 地址分配，IP 地址的动态管理，掌握域名和解析原理

岗位职业能力目标：

1）能规划网络 IP 地址分配和域名设置

2）能熟练配置管理 DNS 服务器

3）能熟练配置管理 DHCP 服务器

6.1 任务 1–了解 TCP/IP 网络 IP 地址的管理方法

6.1.1 IP 地址管理的方法

根据 TCP/IP 协议版本不同，IPv4 版本的协议 IP 地址是采用 32 位二进制数，IPv6 采用 128 位二进制数。以 IPV4 地址为例，根据应用网络类型的不同，IP 地址分为 A、B、C、D、E 共 5 类，其中 A、B、C 三类为网络上主要使用的 IP 地址，D、E 类为特殊地址，一般不使用。

知识补充

在分配网络地址时，有些地址是保留的，不能分配给主机使用，例如：网络地址是指主机地址全为“0”的地址，用于识别网络，不可以分配给设备，如 112.0.0.0；广播地址是指主机地址全是“1”的地址，涵盖网络上所有设备，不能指派给单一设备，如 112.255.255.255；以 127 开头的数据包用于网络测试，如 127.0.0.1，特指本机 IP 地址。此外，一些特定 IP 地址段只能在局域网或广域网内部使用。

6.1.2 IP 地址的动态管理

对于企业信息网络来说，管理员可以手工分配给每台计算机静态 IP 地址，但是，由于 IP 地址资源是有限的，往往一个网络内的所有主机不能同时获得独立的 IP 地址，特别是通过 Modem、ISDN、ADSL、有线宽频、小区宽频等方式上网的计算机，IP 地址资源有限，这个时候，可以采用动态分配模式。简单地说，就是主机不固定享有 IP 地址，由网络服务器系统根据其申请自动分配。

6.1.3 域名与域名解析

由于 IP 地址是数字标识，使用时难以记忆和书写，因此在 IP 地址的基础上，人们又发展出一种符号化的地址方案，来代替数字型的 IP 地址。每一个符号化的地址都与特定的 IP 地址一一对应，这样网络上的资源访问起来就容易得多了。这个与网络上的数字型 IP 地址相对应的字符型地址，就被称为域名。域名的格式为：主机名.机构名.网络名.最高层域名。其中，最高层域名又分为国家域和一般域两类。国家域一般为国家名称的缩写，如中国为 cn，美国为 us，德国为 de 等。一般域为主机、机构、网络所有者的性质，如商业机构为 com，教育机构为 edu，网络服务供应商为 net，政府机构为 gov 等。

域名解析就是将域名重新转换为 IP 地址的过程。一个域名只能对应一个 IP 地址，而多个域名可以同时被解析到一个 IP 地址。域名解析需要由专门的域名解析服务器（DNS）来完成。对应域名结构，域名服务器也构成了一定的层次结构，如图 6-1 所示。

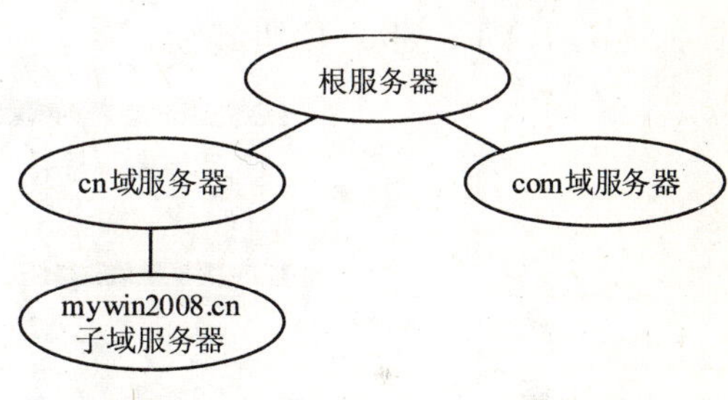

图 6-1　域名服务器层次机构配置

6.2 任务 2–配置 DHCP 服务器

6.2.1 任务背景与分析

某企业网络一开始规模不大，主机数量较少，管理员采用手动方式给每台计算机配置静态 IP 地址参数。但是随着企业网络规模扩大，管理员发现在网络中如果利用静态 IP 地址分配方法管理网络 IP 地址的话，一个是管理流程比较麻烦，二是容易造成 IP 地址资源浪费，此外，如果不及时登记已经使用的 IP 地址，就容易出现 IP 冲突的情况，管理员该如何解决此问题呢？

任务分析

要解决此类问题，建议将网络中IP地址分配模式改变为动态分配，只要在网络中安装一台DHCP服务器就可以解决问题。DHCP动态主机配置协议是一种简化主机IP配置管理的TCP/IP子协议，它为网络中每个客户机提供自动分配IP地址的服务。工作时，当其他客户计算机启动时，将自动与DHCP服务器联系，DHCP服务器为其自动分配IP地址参数。Windows Server 2008本身也提供了DHCP服务，允许服务器为网络上启用DHCP的客户机分配动态IP地址。管理员只需在域服务器中安装DHCP服务，并做相应配置就可以解决IP冲突的问题。

管理DHCP的工作流程是：安装DHCP服务→创建作用域→配置作用域（确定分配的IP地址范围、设置保留IP地址、设置租用期限、默认网关IP地址参数等）。

6.2.2 任务实施–安装、管理DHCP服务器

在Windows Server 2008中，安装DHCP服务的方法可以参照下述步骤进行操作：

步骤1：如图6-2所示，打开“服务器管理器”，添加“角色”，勾选“DHCP服务器”选项，单击“下一步”按钮继续。

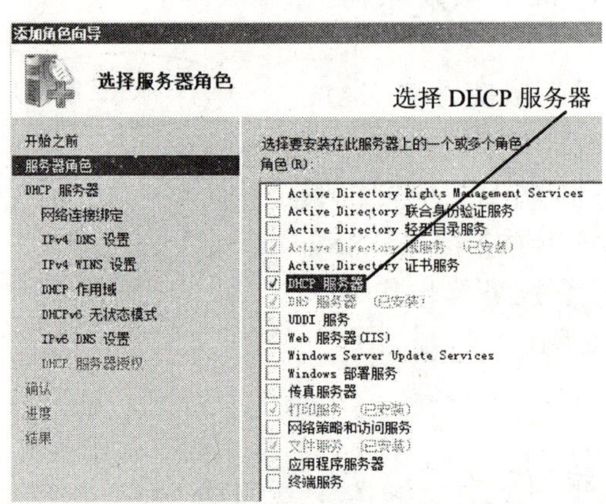

图6-2 添加DHCP服务器

步骤2：连续选择“下一步”，进入“选择网络连接绑定”界面，界面显示了网络连接的静态IP地址，网络适配器情况和物理地址，如图6-3所示。

步骤3：单击“下一步”按钮，在弹出的“指定IPv4 DNS服务器设置”界面中设置父域名称和首选DNS服务器地址，如图6-4所示。

步骤4：选择完成后，单击“下一步”按钮，在“指定IPv4 WINS服务器设置”界面中选择“此网络上的应用程序不需要WINS（W）”，如图6-5所示。

步骤5：单击“下一步”按钮，在“配置IPv6无状态模式”界面中选择“对此服务器禁用DHCPv6无状态模式（D）”，这样设置在安装DHCP服务器后就可以使用DHCP管理控制台配置DHCPv6模式，如图6-6所示。

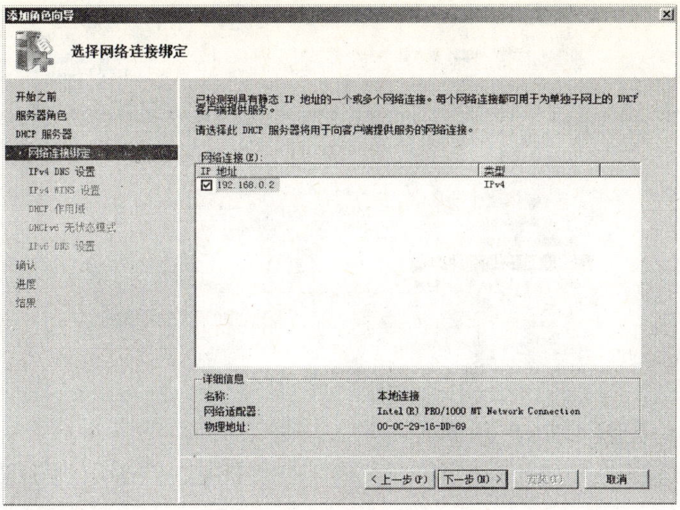

图 6-3　网络连接绑定

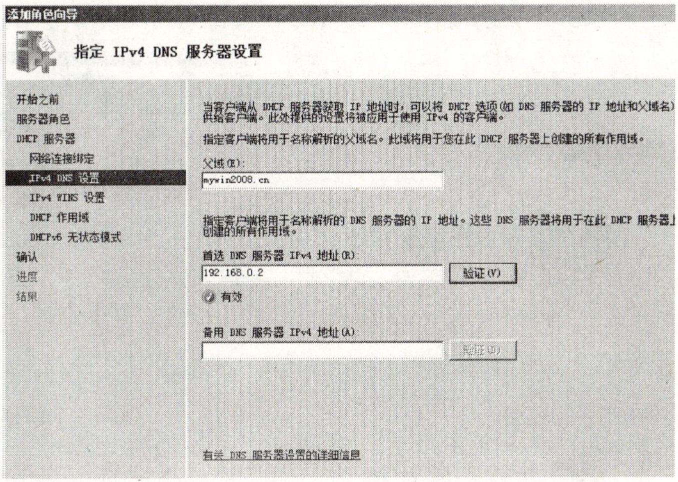

图 6-4　DNS 设置

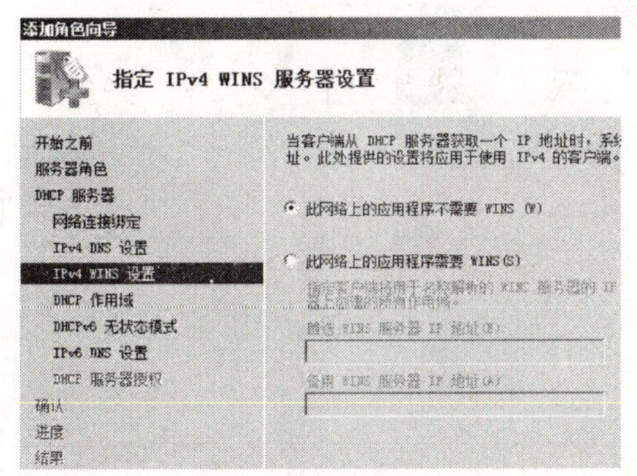

图 6-5　WINS 设置

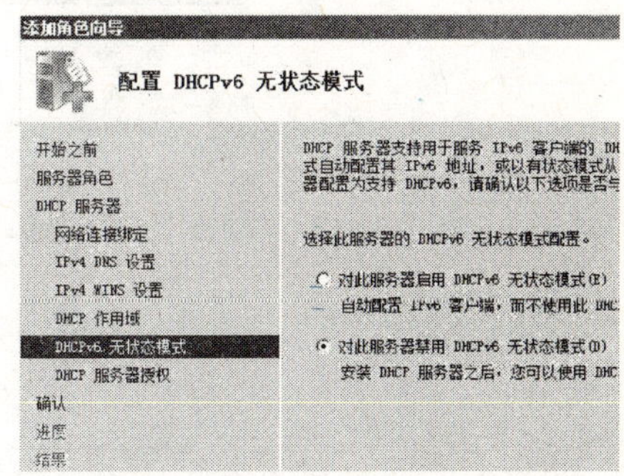

图 6-6　DHCPv6 无状态模式

步骤 6：单击“下一步”按钮，在“授权 DHCP 服务器”界面中选择“使用当前凭据”，完成 DHCP 服务器安装，如图 6-7 所示。

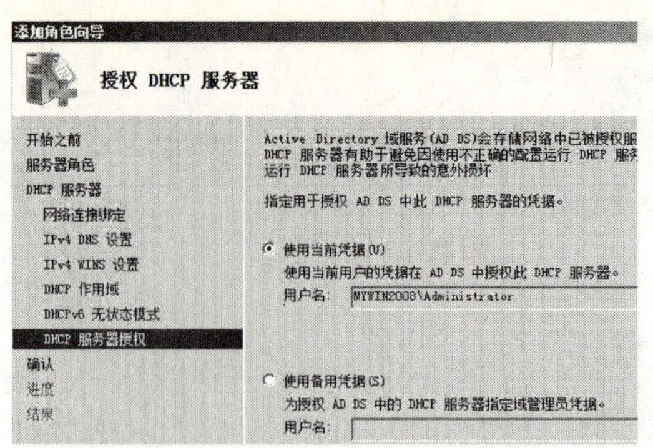

图 6-7　DHCP 服务器授权

下面，介绍如何配置 DHCP 服务器，其方法如下：

步骤 1：依次选择“开始”→“管理工具”→“DHCP”进入到 DHCP 控制台，如图 6-8 所示。

步骤 2：展开 DHCP 服务器，右键单击“IPv4”选择“新建作用域”，建立完作用域才能规划出分配给请求动态 IP 地址的计算机的地址范围，如图 6-9 所示。

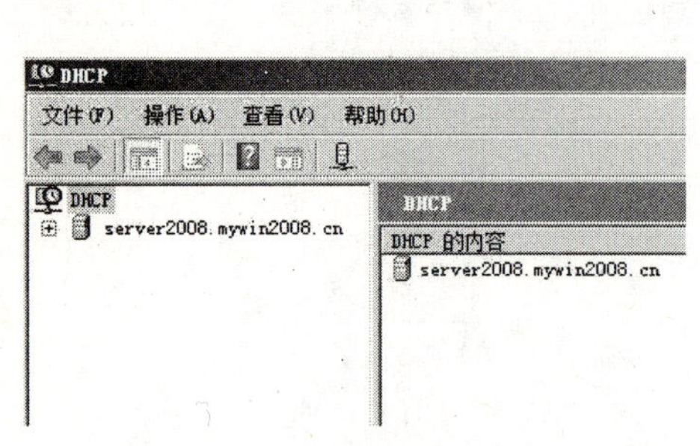

图 6-8　DHCP 控制台

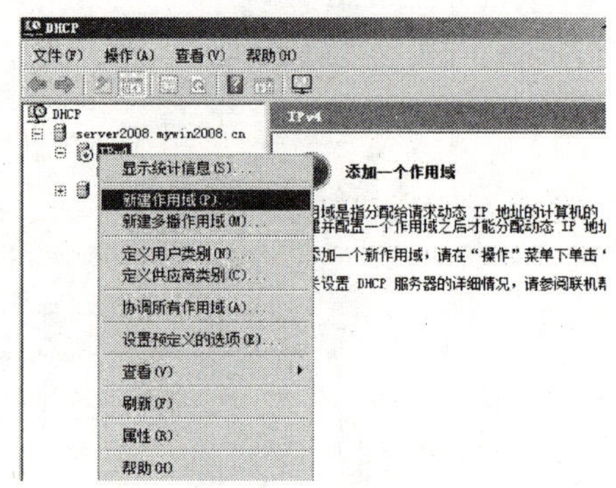

图 6-9　新建作用域

步骤 3：选择“下一步”进入如图 6-10 所示的“作用域名称”对话框，在“名称”中填入“mywin2008DHCP”作为作用域的名称。

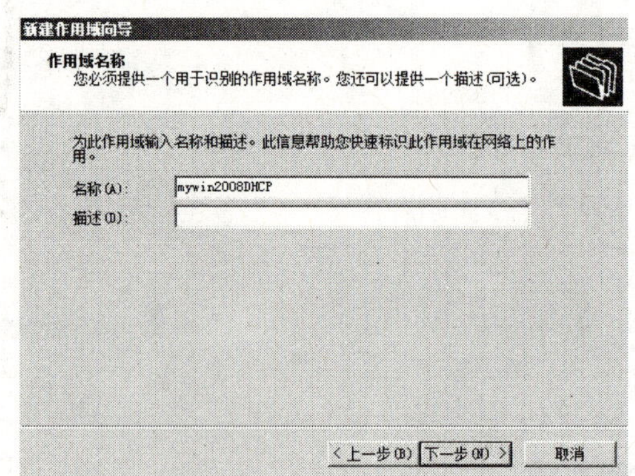

图 6-10　作用域名称

步骤 4：连续选择“下一步”进入如图 6-11 所示的“IP 地址范围”对话框，设置作用域的地址范围为“192.168.0.101”到“192.168.0.200”，由于是 C 类地址，所以子网掩码的长度为 24，子网掩码是“255.255.255.0”。

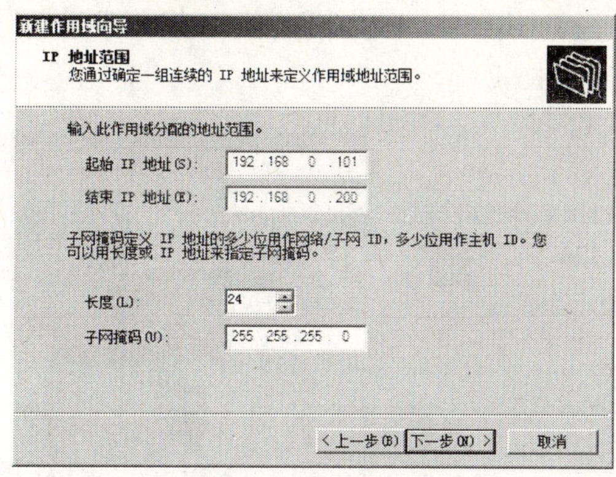

图 6-11　IP 地址范围

步骤 5：在接下来弹出的“添加排除”对话框内，填入想要排除的 IP 地址范围，可以在作用域地址范围内选择多个排除范围，也可以在“起始 IP 地址”中填入选择的单独地址，按“添加”按钮完成添加排除，如图 6-12 所示。

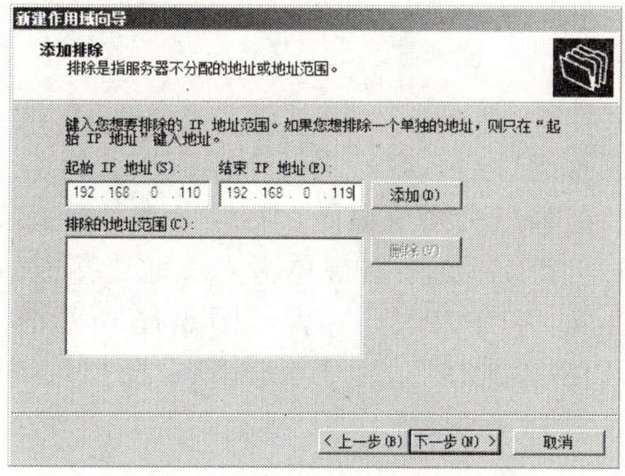

图 6-12　添加排除

步骤 6：选择“下一步”弹出“租用期限”对话框，使用系统的默认限制“8 天”，如图 6-13 所示。

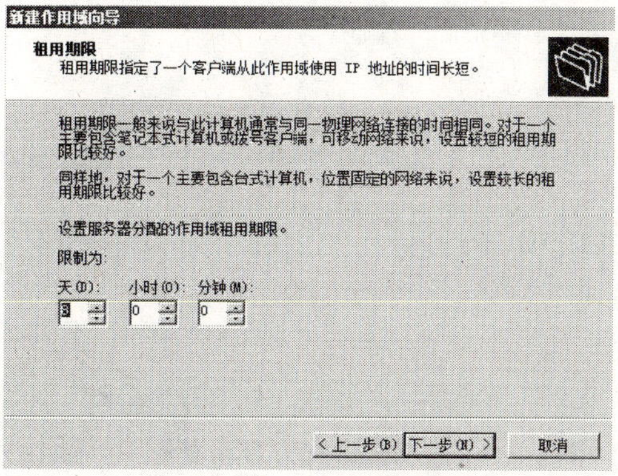

图 6-13　租用期限设置

步骤 7：选择“下一步”，如图 6-14 所示，在“配置 DHCP 选项”对话框中选择“否，我想稍后配置这些选项”，完成新建作用域。

步骤 8：右键单击新建的作用域，在弹出的快捷菜单中选择“激活”，激活后才能使用新建的作用域工作，如图 6-15 所示。

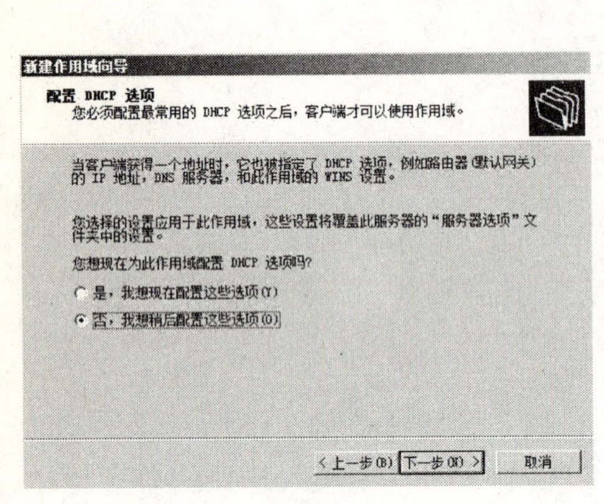

图 6-14　配置 DHCP 选项

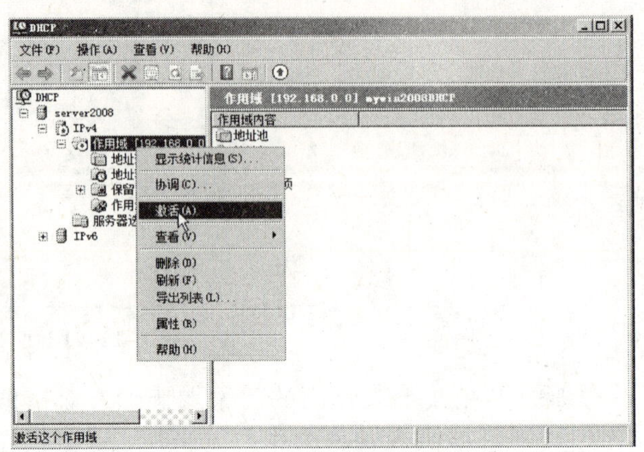

图 6-15　激活作用域

6.2.3　能力扩展

DHCP 服务器配置结束并运行后，客户机还不能直接获得 IP 地址资源，必须对 DHCP 客户机进行设置。方法是：在客户机系统桌面，右键单击“网上邻居”，在弹出的快捷菜单中选择“属性”，在“网络连接”界面中右键单击“本地连接”，在弹出的快捷菜单中选择“属性”，双击“Internet 协议（TCP/IP）”，在弹出图 6-16 所示的界面中选择“自动获得 IP 地址”及“自动获得 DNS 服务器地址”。由于 Windows 操作系统版本的不同，一些界面的名称稍有区别，但设置方法大体不变。

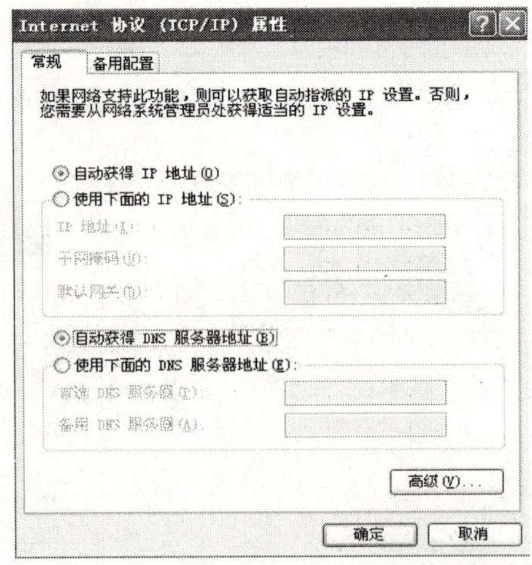

图 6-16　客户机设置为自动获取 IP 地址

6.3 任务 3–管理 DNS 服务器

6.3.1 任务背景与分析

任务背景

某企业网络拥有一台 WWW 服务器，用户原本采用 IP 地址模式访问公司的 WWW 服务器，但是用户更希望采用容易记忆的域名寻址模式来访问该服务器，那么，管理员应如何完成该任务，满足用户需求呢？

任务分析

事实上，在 TCP/IP 协议的网络中，唯一的标示就是 IP 地址。不过，为了方便用户，人们开发了域名解析服务，通过搭建一台 DNS 服务器，在该服务器上维护一个域名与 IP 地址对应的数据库，就可以实现域名与 IP 地址的解析。Windows Server 2008 系统提供了 DNS 服务，可以实现 IP 地址与域名的正向解析和反向映射。这样，用户就可以通过域名模式来访问服务器，而 DNS 服务器可以把用户提供的域名解析请求转换成网络计算机能够理解的 IP 地址。

其主要工作流程是：建立域名解析服务 DNS→创建正向解析区域→新建主机（别名）记录→建立反向解析。

6.3.2 任务实施–管理配置 DNS 服务器

步骤 1：如图 6-17 所示，在服务器中用鼠标右键单击“网络”，并在弹出的快捷菜单中选择“属性”，单击“管理网络连接”，然后右键单击“本地连接”在“属性”对话框中选择“Internet 协议版本 4（TCP/IPv4）”的“属性”，进入“高级 TCP/IP 设置”中的“DNS”对话框。设置“DNS 服务器地址”为服务器（本例中，服务器名称是 SERVER 2008）的 IP 地址“192.168.0.2”，并设置首选 DNS 为“192.168.0.2”。

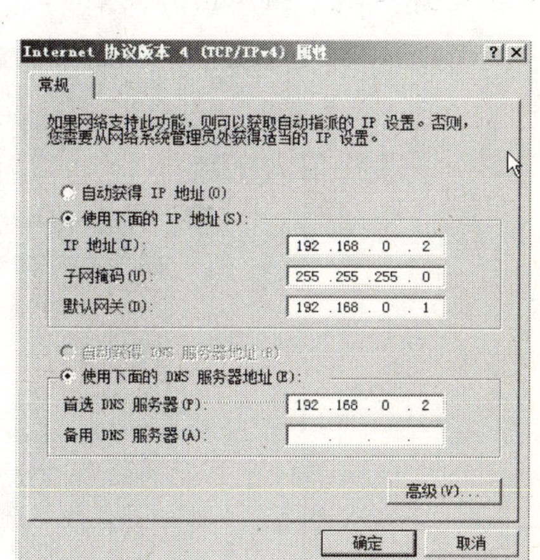

图 6-17 DNS 后缀

步骤 2：依次单击“开始”→“管理工具”→“DNS”，进入到“DNS 管理器”，右键单击 DNS 服务器，在弹出的快捷菜单中选择“所有任务”→“启动”，启动 DNS 服务器，如图 6-18 所示。

步骤 3：右键单击“正向查找区域”，在弹出的快捷菜单中选择“新建区域”，出现“新建区域向导”，如图 6-19 所示，选择“主要区域”为正向查找区域类型。

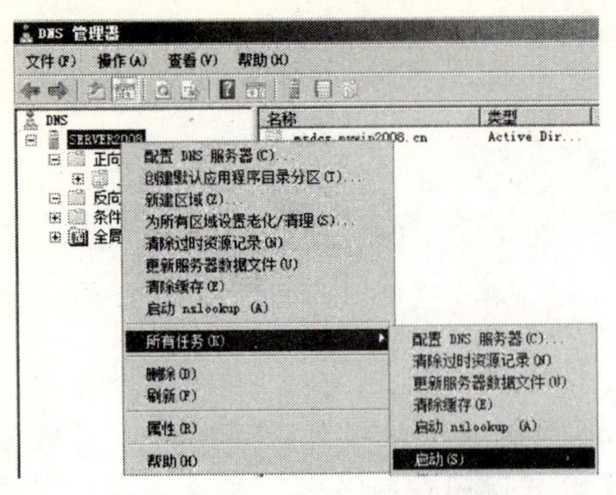

图 6-18　启动 DNS

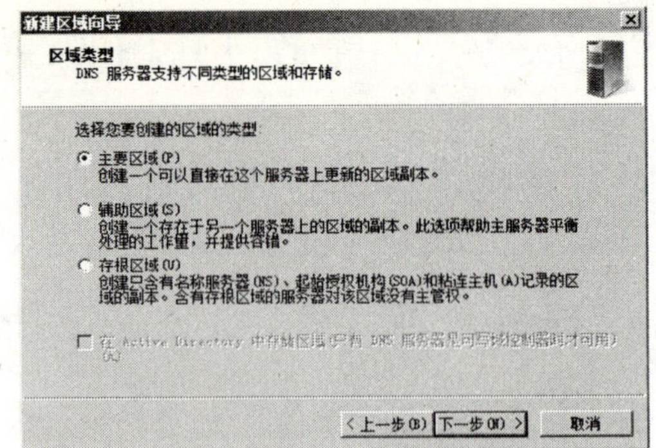

图 6-19　正向查找区域类型

步骤 4：根据提示选择“IPv4 正向查找区域”后，单击“下一步”按钮进入“区域名称”对话框，输入区域名称“mywin2008.cn”，如图 6-20 所示。

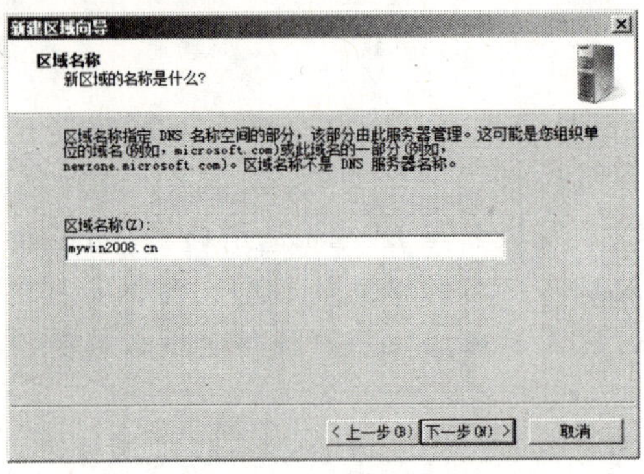

图 6-20　区域名称

步骤 5：继续选择“下一步”，根据向导提示，直到完成正向查找区域的创建。

步骤 6：如图 6-21 所示，在“DNS 管理器”左侧的列表中选择“正向查找区域”，右键单击新建区域“mywin2008.cn”，在弹出的快捷菜单中选择“新建主机”。

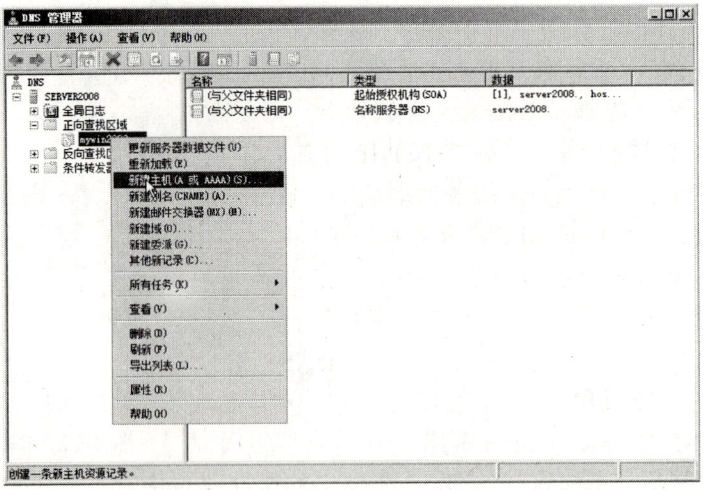

图 6-21　新建主机

步骤 7：如图 6-22 所示，在弹出的“新建主机”对话框中设置 DNS 服务器的主机名称为“winserver”和主机 IP 地址（即 SERVER 2008 的 IP 地址）“192.168.0.2”，并勾选“创建相关的指针（PTR）记录”。单击“添加主机”按钮完成添加。

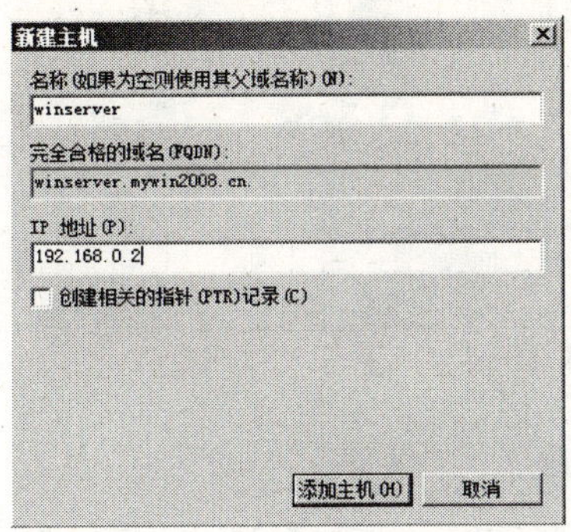

图 6-22　新建主机名称和 IP

配置好 DNS 服务器后，还可对其进行测试，具体操作步骤如下：

步骤 1：利用在域内的客户机“user09”对其进行测试（首先设置其 DNS 的 IP 地址是该服务器的 IP 地址）。单击“开始”，在“运行”中输入“ping winserver -t”，对 DNS 服务器 winserver 执行 ping.exe 命令。如果出现图 6-23 所示的窗口，则表示通信测试成功。

```
管理员: 命令提示符
Microsoft Windows [版本 6.0.6002]
版权所有 (C) 2006 Microsoft Corporation。保留所有权利。

C:\Users\Administrator>ping 192.168.0.2

正在 Ping 192.168.0.2 具有 32 字节的数据:
来自 192.168.0.2 的回复: 字节=32 时间=13ms TTL=128
来自 192.168.0.2 的回复: 字节=32 时间<1ms TTL=128
来自 192.168.0.2 的回复: 字节=32 时间<1ms TTL=128
来自 192.168.0.2 的回复: 字节=32 时间<1ms TTL=128
```

图 6-23　测试 DNS 服务器

步骤 2：在客户机“user08”上利用 nslookup 验证域名解析。单击“开始”，在“运行”中输入“CMD”启动“命令行提示符”。输入命令“nslookup”，然后在提示符“>”后输入“set q=soa”，按<Enter>键后输入 DNS 服务器域名“mywin2008.cn”，如果以上操作顺利，并显示图 6-24 所示的信息，则表明地址解析成功。

```
管理员: 命令提示符
C:\Users\Administrator>ping winserver.mywin2008.cn

正在 Ping winserver.mywin2008.cn [192.168.0.2] 具有 32 字节的数据:
来自 192.168.0.2 的回复: 字节=32 时间<1ms TTL=128
来自 192.168.0.2 的回复: 字节=32 时间<1ms TTL=128
来自 192.168.0.2 的回复: 字节=32 时间<1ms TTL=128
来自 192.168.0.2 的回复: 字节=32 时间<1ms TTL=128

192.168.0.2 的 Ping 统计信息:
    数据包: 已发送 = 4，已接收 = 4，丢失 = 0 (0% 丢失)，
往返行程的估计时间(以毫秒为单位):
    最短 = 0ms，最长 = 0ms，平均 = 0ms
```

图 6-24　DNS 服务器域名解析

6.3.3　能力扩展

建立正向解析后，还可建立反向查找区域，实现 IP 地址到域名的反向解析。

步骤 1：右键单击“反向查找区域”，在弹出的快捷菜单中选择“新建区域”，连续选择“下一步”进入到图 6-25 所示的“反向查找区域名称”界面，选择“IPv4 反向查找区域”。

步骤 2：单击“下一步”按钮进入“反向查找区域名称”对话框，设定网络 ID 为“192.168.0”，如图 6-26 所示。选择“下一步”。

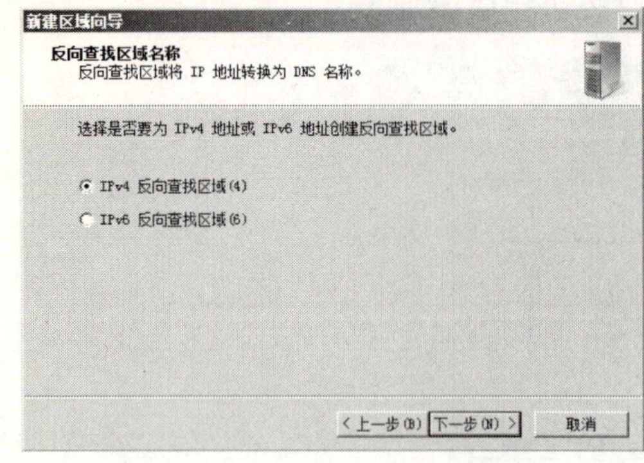

图 6-25　反向查找区域名称

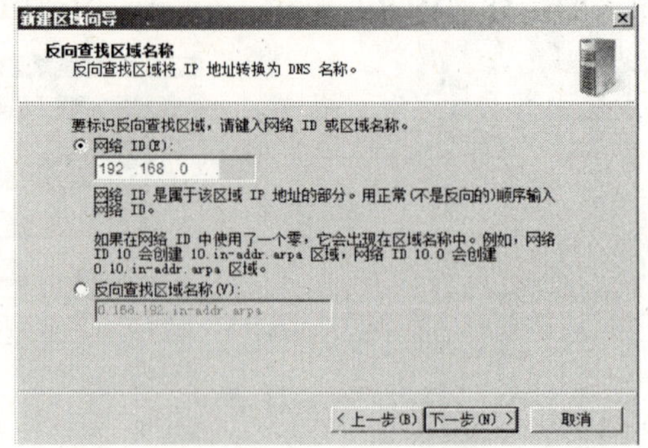

图 6-26　反向区域网络 ID

6.4　拓展强化训练

1．知识复习

1）DHCP 服务器或 DNS 服务器的 IP 地址可以是动态 IP 地址么？

2）在网络中，DHCP 服务器和客户机应该先启动哪一个？当客户机不能从 DHCP 服务器获得 IP 地址时，该如何解决？

3）简述 DHCP 和 DNS 的工作流程。

4）思考一个 IP 地址可以对应多个域名么？一个域名可以对应多个 IP 地址么？

2．能力训练

以小组的形式，准备 Windows Server 2008 服务器一台，Windows 操作系统的客户机两台，交换机一台，组成小型网络。在虚拟机下利用所学知识与技能完成以下能力训练：

1）在服务器上完成 DNS、DHCP 服务的添加安装。

2）配置 DNS、DHCP 服务器的配置。（域名和 IP 地址划分可以自行规划确定）

3）利用客户机测试 DNS 服务器，能够利用域名访问服务器同时客户机 IP 地址可以自动获取。

4）查看两台客户机所分配的动态 IP，并互相进行 ping 操作。

第 7 章

Internet 信息服务的管理

随着 Internet 的发展，传统的局域网资源共享方式已经不能满足人们对信息的需求，通过 WWW、ftp 服务提供信息是企业 INTRANET 建设的基础。如何利用系统提供的信息服务功能来实现 Web 站点创建以及 FTP 文件传输共享是很实用的网络管理技能。

本章从了解信息网站与 Internet 信息服务开始介绍，通过任务详细讲解 FTP 服务器的配置、Web 服务器的配置与管理，阐述 Internet 信息服务的强大功能，最后结合实例介绍邮件服务器的安装及配置。

学习目标

知识目标：

掌握 Windows Server 2008 系统中的 Internet 信息服务的管理知识，掌握关于 FTP 服务器配置、Web 服务器的配置与管理、邮件服务器的安装及配置的知识

岗位职业能力目标：

1）掌握如何配置及管理 FTP 服务器

2）掌握配置 Web 服务器

3）掌握安装及配置电子邮件服务器

7.1 任务 1–了解 Internet 信息服务相关概念

7.1.1 基于 B/S 结构的网络

B/S（Browser/Server）结构即浏览器和服务器结构。主要特点是分布性强、维护方便、开发简单且共享性强、总体拥有成本低。在 B/S 体系结构系统中，用户通过浏览器向分布在网络上的许多服务器发出请求，服务器对浏览器的请求进行处理，将用户所需信息返回到浏览器。而其余如数据请求、加工、结果返回以及动态网页生成、对数据库的访问和应用程序的执行等工作全部由 Web Server 完成。其缺点是数据安全性问题、对服务器要求过高、数据传输速度慢、软件的个性化特点明显降低。

7.1.2 Web 服务与相关概念

Web 服务也称为 WWW（World Wide Web）服务或 HTTP 服务，它是 Internet 提供的重要服务之一。Web 服务器是实现信息发布的平台，信息发布需要建立相应的 Web 站点。

Internet 中各类网站都是通过 Web 服务器实现的。

Web 服务是基于客户机/服务器（C/S）模式的系统，客户机指安装有 Web 浏览器软件的客户计算机。浏览器将请求发送到服务器，服务器响应这一请求，将其制定的 Web 页面或文档传送出去，即“下载”。

Web 服务采用的 TCP/IP 应用协议是 HTTP 协议。Web 服务器通过 HTTP 协议与服务器建立连接、传输信息和终止连接。因此，Web 服务器也称为 HTTP 服务器。

通常，企业网络采用 WWW 模式发布信息，其流程是在 Web 服务器上建立站点，以集中方式存储和管理用户发布的信息，客户端通过 Web 浏览器向服务器发出请求，以获得相应的信息。在客户端，用户浏览器负责将从 Web 服务器中得到的用 HTML 标记语言编写的网页代码转换成丰富多彩的网页。

7.1.3 IIS 7

IIS 是 Internet Information Server（Internet 信息服务）的缩写，它是微软公司随网络操作系统提供的信息服务软件，IIS 与 Windows 系统紧密集成在一起，因而用户能够建立强大、灵活而安全的 Internet 和 Intranet 站点。IIS 支持 ISAPI，使用 ISAPI 可以扩展服务器功能。IIS 的设计目的是建立一套集成的服务器服务，用以支持 HTTP、FTP 和邮件服务，它能够提供快速且集成了现有产品，同时可扩展的 Internet 服务器。

IIS7 是随 Windows Server 2008 版本提供的 IIS 的最新版本，相对早期版本，加入了更多的安全方面的设计。用户现在可以通过微软的.Net 语言来运行服务器端的应用程序。除此之外，通过 IIS7 新的特性来创建模块将会减少代码在系统中的运行次数，将遭受黑客脚本攻击的可能性降至最低。

7.2 任务 2–FTP 服务器的配置

7.2.1 任务背景与分析

任务背景

某企业网络的员工经常要下载和上传一些公司文件，以前采用“网络邻居”来实现文件共享，但是这样一来，一是效率很低，经常出现访问阻塞，二是安全性很差。随着公司每天需要处理的业务越来越多，文件的共享已远远不能满足其需要，管理员该如何解决此问题呢？

任务分析

传统的网络邻居模式提供的文件共享方式，安全性差，同时访问速度和性能都很难满足要求，而 Windows Server 2008 中的 FTP（文件传输服务）可以提高数据、文件的传输和存储效率，管理员只需在服务器中配置 FTP 服务即可解决上述问题。

其工作流程是：建立 FTP 服务器→配置 FTP 服务器参数→提供 FTP 文件服务。

7.2.2 任务实施–新建一个 FTP 站点

在 Windows Server 2008 中，新建一个 FTP 站点可以参照下述步骤进行：

步骤 1：首先添加 FTP 发布服务角色。在服务器中打开“服务器管理器”，添加“Web 服务器（IIS）”角色，连续单击“下一步”按钮，在如图 7-1 所示的“选择角色服务”对话框中勾选“FTP 发布服务”及相关服务。单击“下一步”按钮直到该角色添加完成。

步骤 2：依次单击“开始”→“管理工具”→“Internet 信息服务器（IIS）6.0 管理器”，进入如图 7-2 所示的对话框中。右键单击服务器“SERVER2008”FTP 站点，在弹出的快捷菜单中选择“新建”→“FTP 站点（F）”。（此处使用 IIS6 兼容模式）

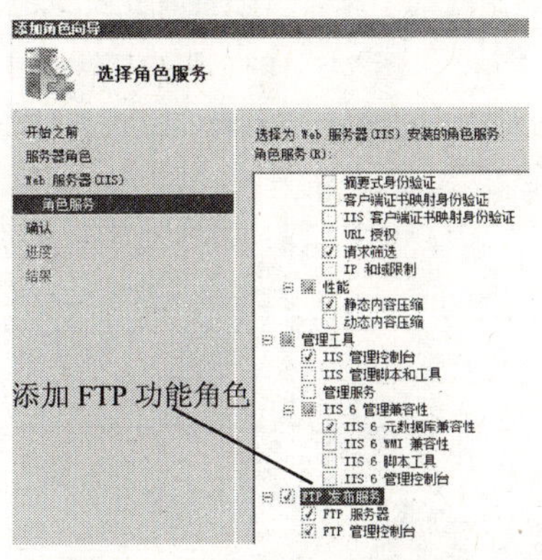

图 7-1 添加 FTP 功能角色

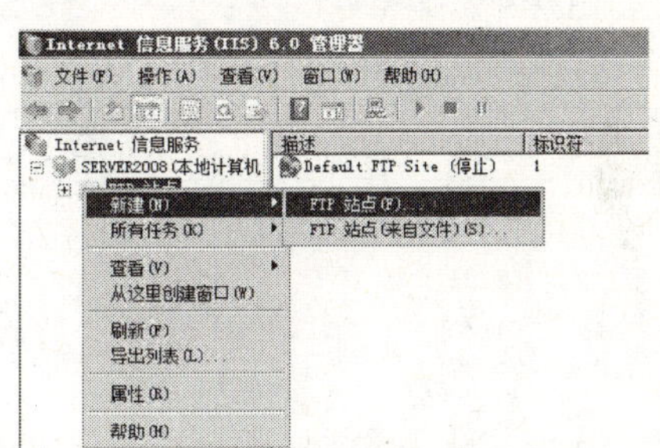

图 7-2 新建 FTP 站点

步骤 3：在 FTP 站点创建向导中填入“FTP 站点的描述”为“mywin2008”，如图 7-3 所示。

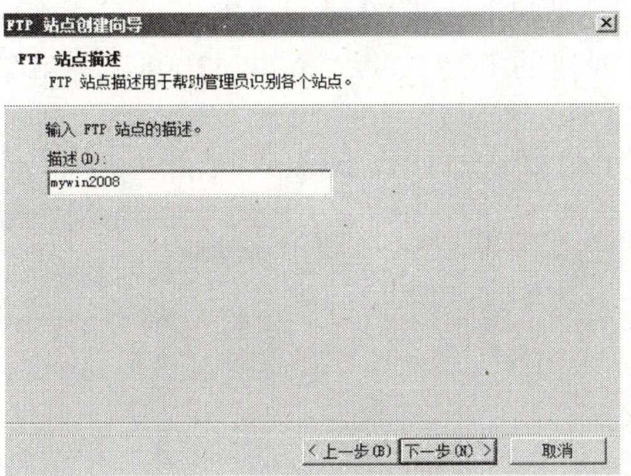

图 7-3 FTP 站点描述

步骤 4：在接下来的“IP 地址和端口设置”中填入 IP 地址为本机地址“192.168.0.2”，端口不变，如图 7-4 所示。（如果端口修改了，那么用户访问的时候需要添加端口参数）

步骤 5：单击“下一步”按钮，在如图 7-5 所示的“FTP 用户隔离”中选择“不隔离用户。

步骤 6：单击“下一步”按钮，在如图 7-6 所示的“FTP 站点主目录”中填入路径为

"D:\ftp"。则 FTP 服务器上的数据资源都将存储在主目录"D:\ftp"中。

步骤 7：单击"下一步"按钮，设置此 FTP 站点的访问权限为"读取"，如图 7-7 所示。选择"下一步"直到完成 FTP 站点的创建。

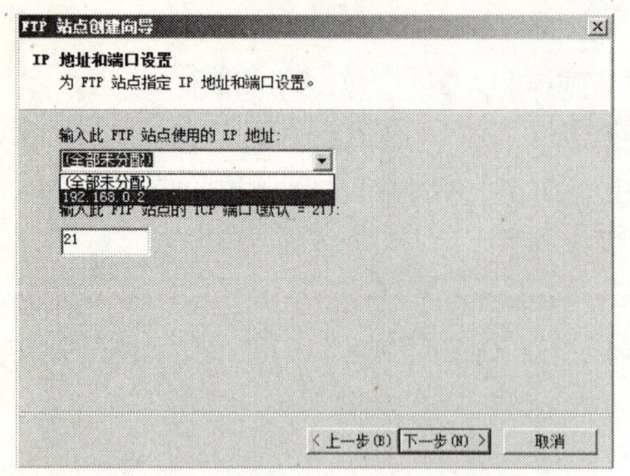

图 7-4　IP 地址和端口设置

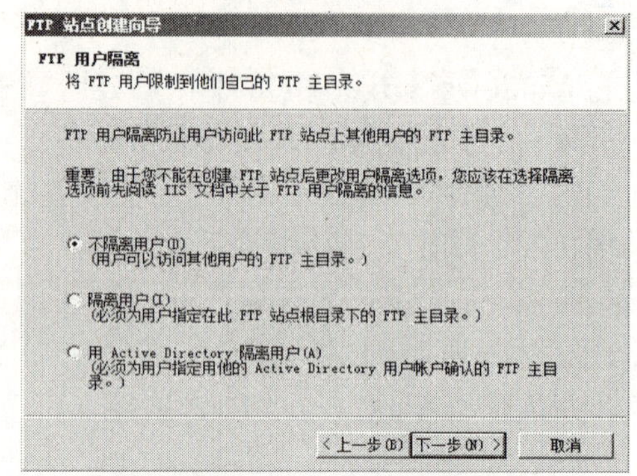

图 7-5　FTP 用户隔离

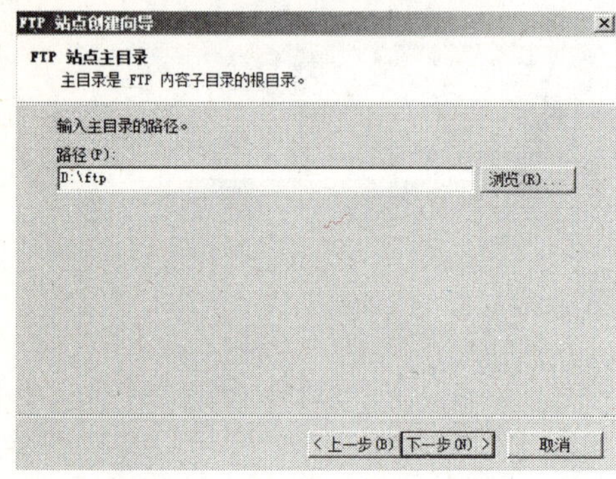

图 7-6　FTP 站点主目录

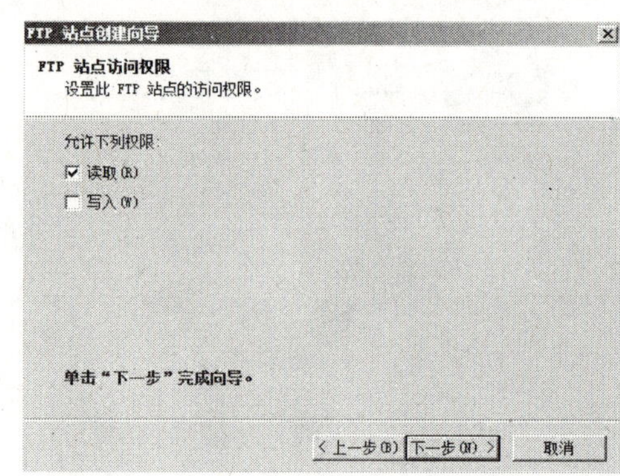

图 7-7　FTP 站点访问权限

有一些共享文件存储在主目录外，这时需要继续建立"虚拟目录"，来实现对主目录以外目录的访问。虚拟目录是映射到 FTP 主目录的，可以缓解主目录的存储和访问压力。

步骤 8：右键单击新创建的 FTP 站点"mywin2008"，在弹出的快捷菜单中选择"新建"→"虚拟目录"，如图 7-8 所示。

步骤 9：在弹出的"虚拟目录别名"中填入"xuni"作为别名，如图 7-9 所示。

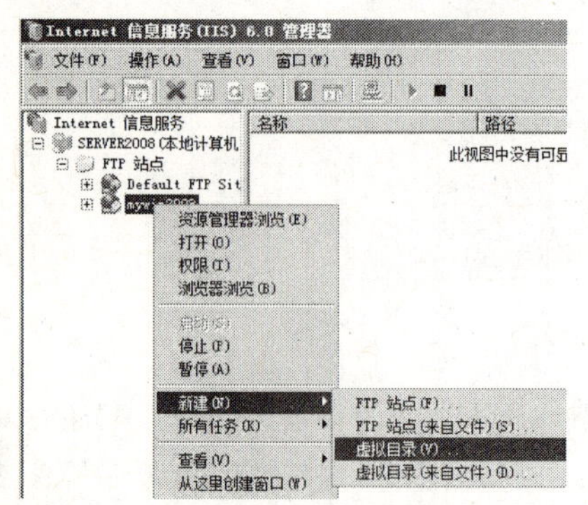

图 7-8　新建虚拟目录

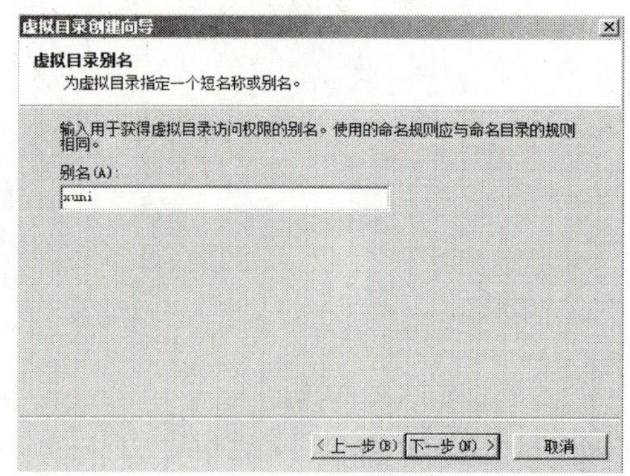

图 7-9　虚拟目录别名

步骤 10：单击“下一步”按钮，如图 7-10 所示，在“FTP 站点内容目录”对话框内填入路径为“D:\xuni”。

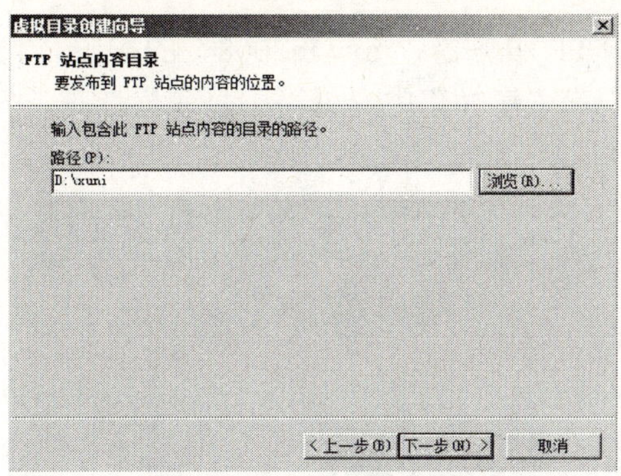

图 7-10　虚拟目录路径

步骤 11：和 FTP 站点的访问权限设置一样，设置虚拟目录的访问权限为“读取”，如图 7-11 所示。单击“下一步”按钮直到完成虚拟目录的创建。

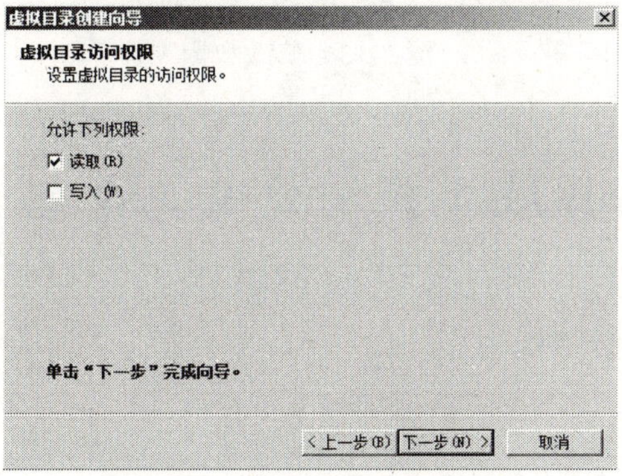

图 7-11　虚拟目录访问权限

步骤 12：在客户机上测试 FTP 的功能。首先在 FTP 的主目录“D:\ftp”中任意创建一些文件夹及文件，然后在客户机“user07”的地址栏内输入 FTP 地址“ftp://192.168.0.2”，按<Enter>键，如果出现如图 7-12 所示的界面，则表示 FTP 服务器工作正常。

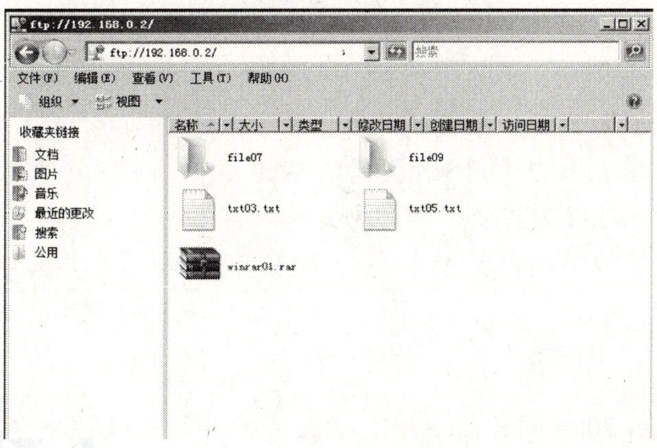

图 7-12　访问 FTP

7.2.3 能力扩展

如果想修改用户访问 FTP 服务器“mywin2008”的权限，只需在其“属性”中执行。如添加“写入”权限，只需在“属性”中选择“主目录”选项，勾选“写入”，单击“确定”按钮即可，如图 7-13 所示。

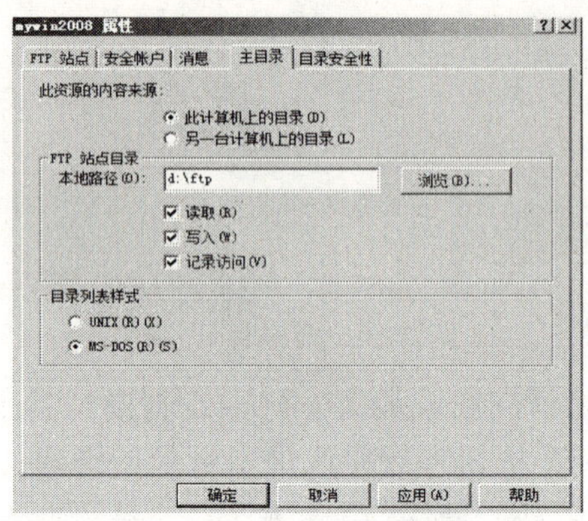

图 7-13　修改权限

7.3 任务 3–Web 服务器的配置与管理

7.3.1 任务背景与分析

任务背景

随着 Internet 的普及，某公司想建立起自己的网站来宣传自己，加快公司整体的文化建设，实现公司信息的快速发布，方便与客户的交流。那么管理员应如何实现呢？

任务分析

目前，企业发布信息的最佳方式就是建立一个属于企业的 Web 网站。管理员可以在 Windows Server 2008 服务器中运用 IIS 提供的 Web 服务来建立企业网站，测试网站结构的稳定性，各部门员工也可以通过公司网站浏览最新信息。

其工作流程是：启动 Web 服务→配置站点信息→发布网页信息。

7.3.2 任务实施–新建一个 Web 站点

在 Windows Server 2008 服务器中新建 Web 站点，可以按照下列步骤进行：

步骤 1：如图 7-14 所示，在“服务器管理器”中依次选择“角色”→“Web 服务器”→

"Internet 信息服务（IIS）"→"SERVER 2008"（此处服务器名称为 SERVER 2008），右键单击"网站"，在弹出的快捷菜单中选择"添加网站"。

步骤 2：在"添加网站"对话框中设置相关参数，如："网站名称"为"mywin2008"，"物理路径"为"D:\web"，绑定的地址为"http://192.168.0.2"，端口为"80"。按"确定"按钮完成网站的添加，如图 7-15 所示。

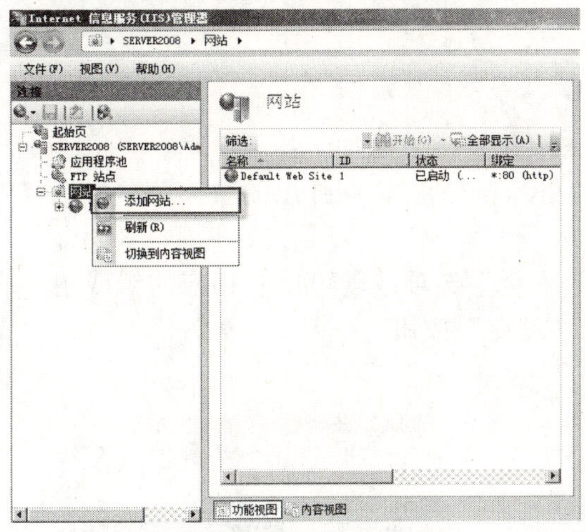

图 7-14　新建 Web 站点

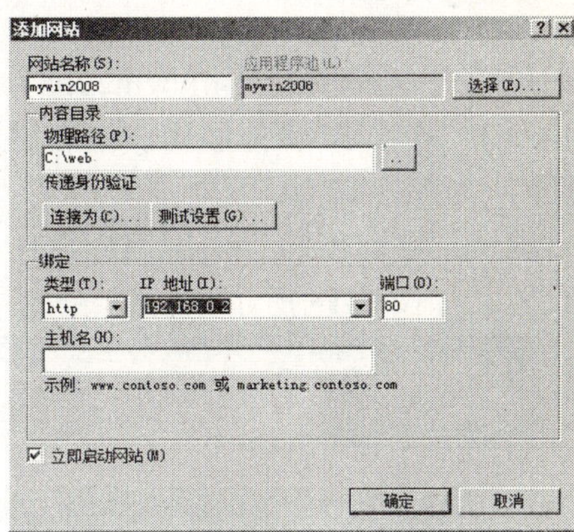

图 7-15　添加网站

技能提示

在网站参数中，端口可以是"80"以外的其他数值，但是这就要求用户在访问站点时，输入端口参数，例如，设置该网站的端口参数为"8080"，那么用户在访问该站点时，输入的地址信息就是 http://192.168.0.2:8080。网站物理路径就是存放网页的目录，建议设置在 NTFS 文件系统分区。

步骤 3：在服务器"SERVER 2008"的"D:\web"路径下，将事先准备好的网页文件（.htm）复制到该文件夹下（也可以粘贴"C:\inetpub\wwwroot"下的页面文件）。

步骤 4：在网络内任意客户机上的 IE 浏览器的地址栏内输入"http://192.168.0.2"，若弹出的网页信息如图 7-16 所示，则表示测试成功，网站工作正常。

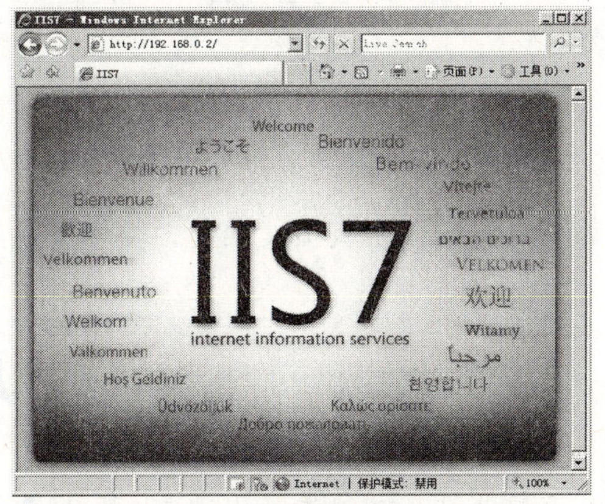

图 7-16　测试网页

技能提示

在网站主目录里包含有多个网页文件（.htm），其中，用户一进入站点就可以访问的网页文件被称为首页文件，一般首页文件的名称是index.htm。不过，管理员可以修改首页文件名称参数，修改参数后，使用其他文件名作为首页也是可以的。

7.3.3 能力扩展

如果想对Web站点“mywin2008”进行权限设置，方法如下：

步骤1：在Web服务器列表中右键单击“mywin2008”，在弹出的快捷菜单中选择“编辑权限”，如图7-17所示。

步骤2：在弹出的“web 属性”中选择“安全”选项，就可以对相应的组或用户进行权限设置，如图7-18所示。设置结束后单击“确定”按钮。

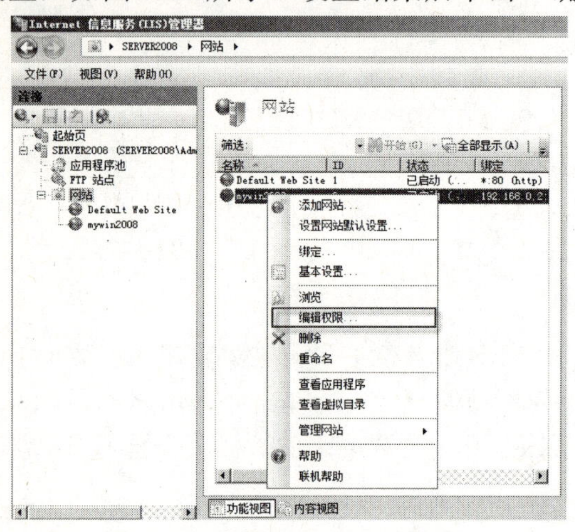

图7-17 编辑Web站点的权限

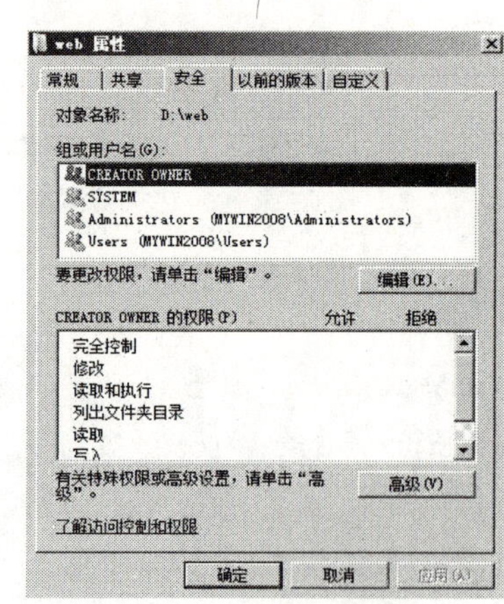

图7-18 Web属性

7.4 任务4—邮件服务器的配置

7.4.1 任务背景与分析

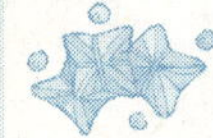

任务背景

某公司想方便各部门员工之间的信息交流，同时，要求信息可以相对独立和保密，该如何解决此问题呢？

任务分析

在企业网络内部构建电子邮件服务可以满足上述需求，网络工程师可以利用Windows

Server 2008 提供的电子邮件服务功能，在公司网络内架设邮件服务器，建立内部邮局，实现各部门员工之间邮件的快速传递。

其工作流程是：安装邮件服务→配置 SMTP 服务→配置 POP3 服务。

7.4.2　任务实施–安装配置邮件服务器

在服务器中安装并配置邮件服务器步骤如下：

步骤 1：在“服务器管理器”中添加“功能”，选择“SMTP 服务器”，连续单击“下一步”按钮完成邮件服务器的安装，如图 7-19 所示。

步骤 2：依次单击“开始”→“管理工具”→“Internet 信息服务器（IIS）6.0 管理器”，进入如图 7-20 所示的对话框。在左侧列表中右键单击 SMTP 服务器，在弹出的快捷菜单中选择“属性”。

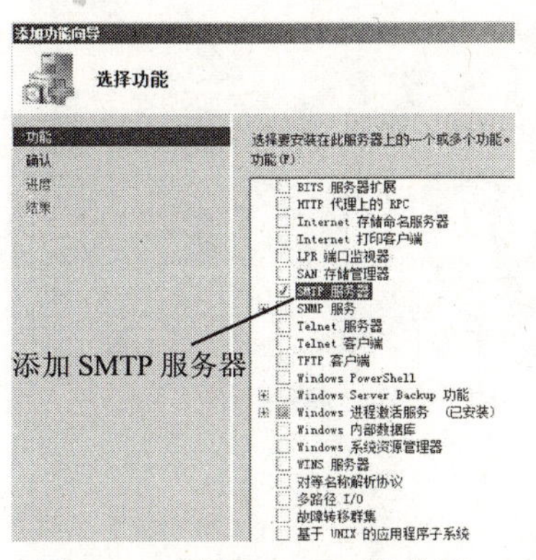

图 7-19　添加 SMTP 服务器

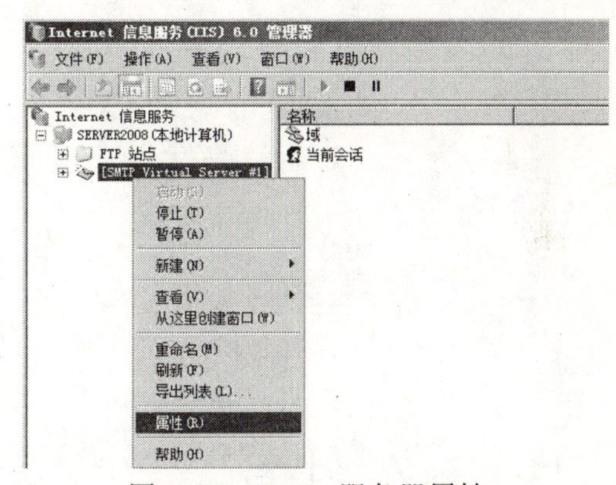

图 7-20　SMTP 服务器属性

步骤 3：在“常规”选项中，设置 SMTP 服务器的 IP 地址为服务器“SERVER 2008”的地址。还可以设置客户机的限制连接数、连接超时时间和日志记录的启用，如图 7-21 所示。

步骤 4：选择“邮件”选项，进入如图 7-22 所示的对话框中设置邮件大小、会话大小、每个连接的邮件数、每封邮件的收件人数等限制条件，还可更改“死信目录”。

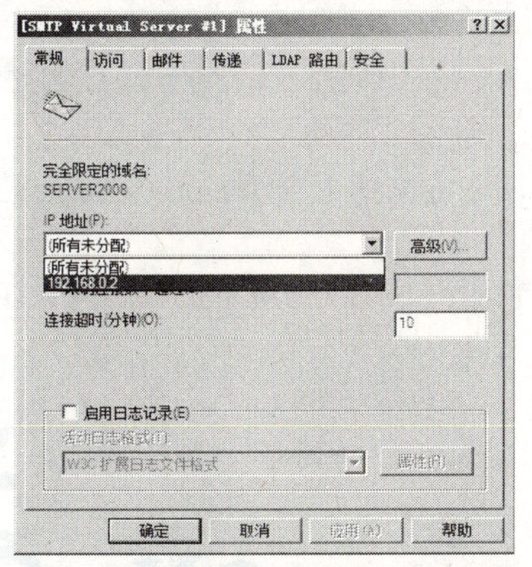

图 7-21　设置 SMTP 服务器 IP 地址

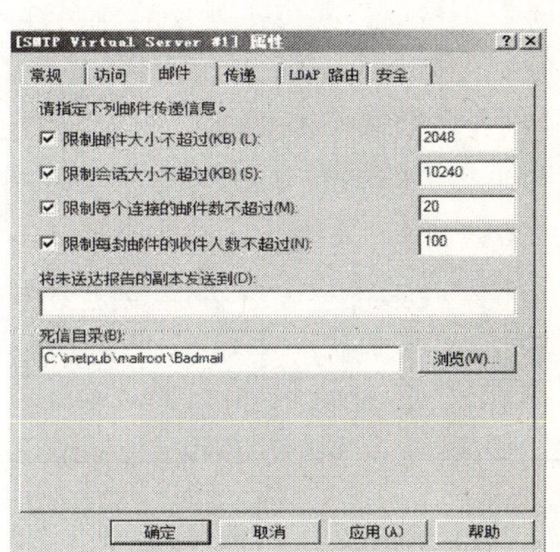

图 7-22　邮件限制

步骤 5：选择“传递”选项，进入如图 7-23 所示的对话框，设置邮件传递的“出站”

条件及“本地”的“延迟通知”和“过期超时”。按“确定”按钮完成基本配置。

7.4.3 能力扩展

为了让邮件服务器能够安全顺畅地工作，还可以对其进行权限的设置。如图 7-24 所示，在 SMTP 的“安全”属性中列出了可以操作邮件服务器的用户账户。如果想添加更多的用户只需单击“添加”按钮，选择想要添加的用户即可。

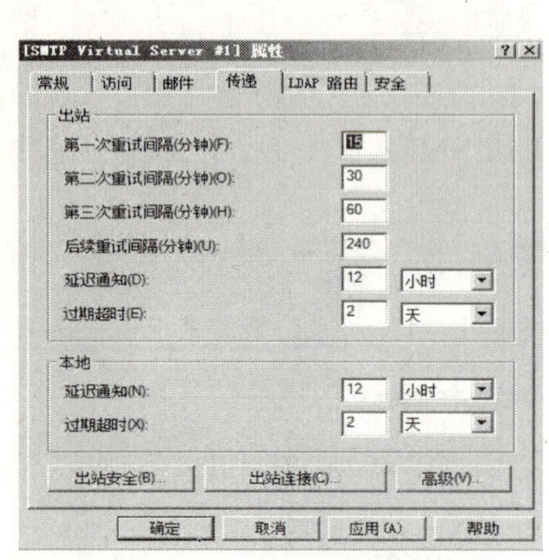

图 7-23 邮件传递

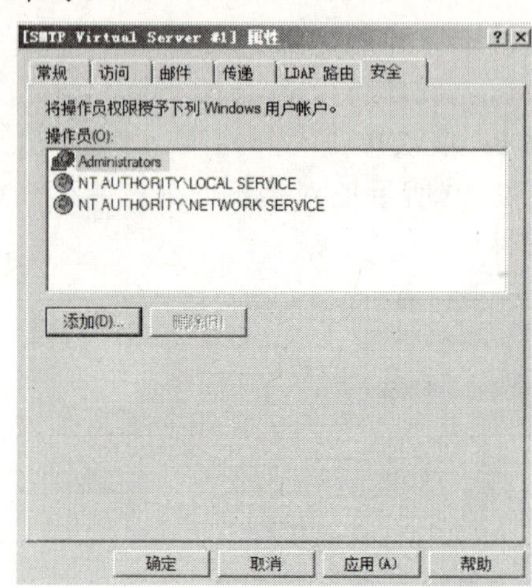

图 7-24 邮件安全

7.5 拓展强化训练

1. 知识复习

1）能否在一台服务器上架设多个 Web 网站？

2）FTP 服务与“网络邻居”方式的文件共享不同点是什么？

2. 能力训练

1）在 Windows Server 2008 服务器中，设置一个空间大小为 1GB 的 FTP 共享空间，允许所有用户匿名登录下载数据，只有管理员可以上传数据。

2）设计一个网站发布及 FTP 共享的小型网络，设备包括 1 台 Windows Server 2008 服务器、1 台客户机，要求：

① 在服务器中架设 FTP 服务器，允许客户机使用“ftp://192.168.0.99”访问 FTP 空间，且任一用户均可上传下载 FTP 空间上的数据文件。

② 在服务器上架设并设置 Web 站点“www.mywin2008.cn”，客户机可以使用 http://192.168.0.99 或 http://www.mywin2008.cn 地址访问该服务器。

第 8 章
高级应用服务管理

在企业网络中，通过网络服务器平台提供终端服务、VPN 服务、流媒体服务，也是很重要的高级网络应用服务功能，管理员可以通过构建这些服务环境实现多媒体网络信息化。

本章主要介绍了 Windows Server 2008 系统一些高级应用服务，并主要讲解了 Windows Server 2008 的终端服务、流媒体服务的基本配置和应用以及 VPN 服务器的配置与连接。

学习目标

知识要求：

了解 Windows Server 2008 高级应用服务，掌握终端服务器的安装与配置、流媒体服务器的安装与连接、知道配置各种服务需要的相关技术，了解高级服务管理的基本知识

岗位职业能力目标：

1）能在安装前准备好需要的相关组件

2）能架设终端服务器并连接调用应用程序

3）能完成 WMS 的安装和媒体的简单设置

4）能建立 PPTP - VPN 服务器

8.1 任务 1–了解高级服务应用

除了提供 AD 目录服务、DHCP 服务、DNS 服务、Web 服务等主要服务以外，Windows Server 2008 还提供了应用程序服务器、文件服务、Windows Server 虚拟化、网络策略和访问服务、终端服务、流媒体服务、Windows 部署服务等其他服务。

Windows Server 2008 提供的高级应用服务，不再像以前的 Windows Server 2000/2003 系统，需要通过“添加/删除 Windows 组件”实现。在 Windows Server 2008 中，取而代之的是通过服务器管理器里面的“角色”和“功能”实现。像 DNS 服务器、文件服务器、打印服务等都会被视为一种“角色”存在，而故障转移集群、组策略管理等这样的任务则被视为“功能”。通过角色与功能的增减，就可以实现几乎所有的服务器任务。

8.2 任务 2–终端服务管理

8.2.1 任务背景与分析

任务背景

某企业拥有多个分支机构，并建设有一个企业信息网络，安装多台 Windows Server 2008 服务器，但是缺乏专业网络管理员，如果向各个分支机构委派专门的网络管理员，无疑会为企业增加不小的开支。怎样才能解决企业服务器的远程管理与维护的问题呢？

任务分析

根据该企业的实际需求，可以借助安装终端服务来解决应用程序集中部署难题，这时候如果分支机构的计算机均采用终端服务的解决方案，统一连接到终端服务器应用特定软件，可以简化网络管理维护，减少维护成本和复杂程度。

配置终端服务器的工作流程是：需求与功能分析→终端服务安装→系统的配置与终端连接。

8.2.2 任务实施 1–终端服务的配置

步骤 1：点击“开始”→“管理工具”→“服务器管理器”，如图 8-1 所示。可以在该控制台中集中地管理服务器角色。在服务器管理器左侧选择角色，在右侧窗口中选择“添加角色”，打开添加角色向导窗口。

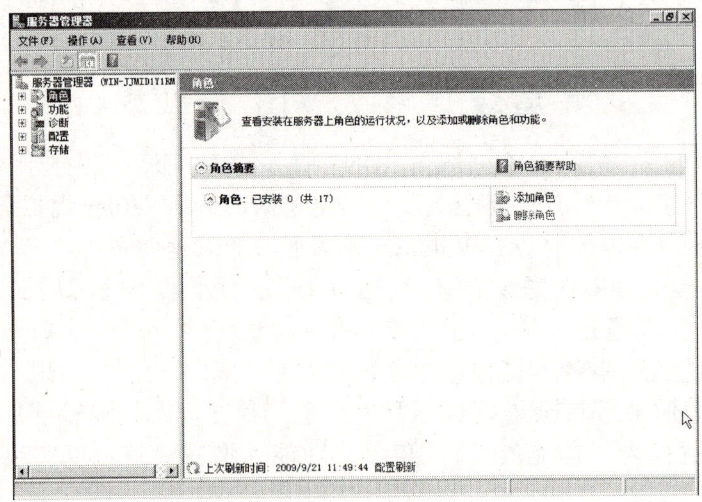

图 8-1 服务器管理器窗口

技能提示

在添加服务器角色之前，要验证几点要求：使用具有强密码的系统管理员登录系统。对网络的基本参数进行正确配置。需要确认安装 Windows Update 中的最新安全更新。

步骤 2：单击“下一步”按钮，如图 8-2 所示，在“选择服务器角色”窗口中，将终端服务勾选，然后执行“下一步”，进入终端服务简介对话框。

步骤 3：单击“下一步”按钮，打开“选择角色服务”对话框，如图 8-3 所示，在角色服务窗口中勾选“终端服务器”，若希望局域网客户端用户能通过 Web 方式访问终端服务器的各种共享资源，必须将“TS Web 访问”选项选中。

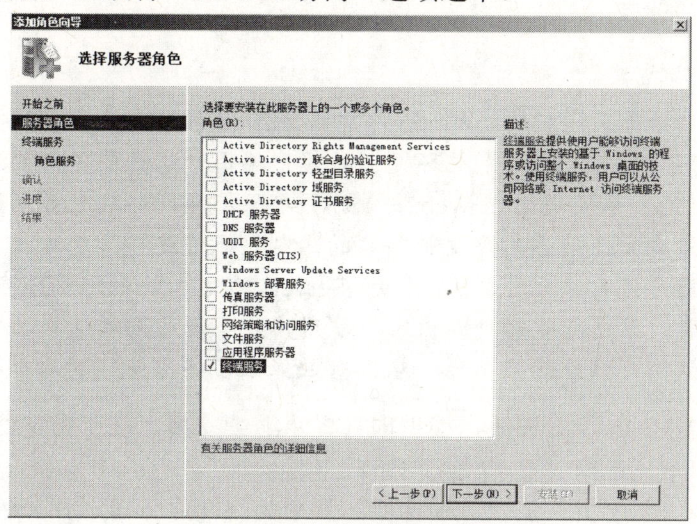

图 8-2　选择服务器角色

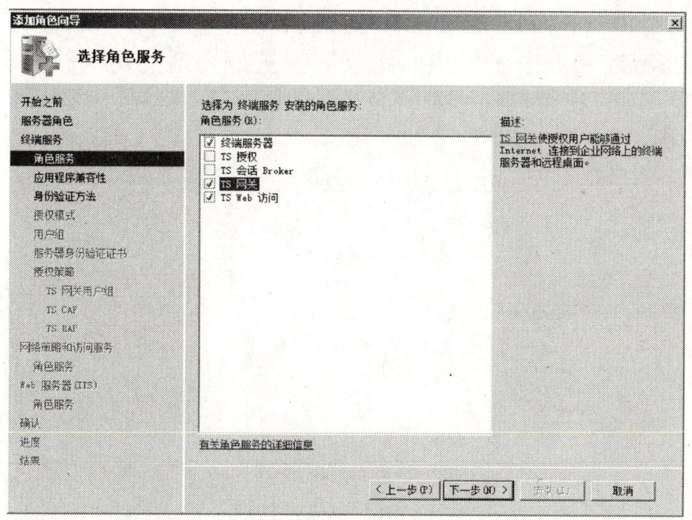

图 8-3　选择角色服务

步骤 4：当选中该选项后，屏幕上将会自动弹出“是否添加 TS Web 访问所需的角色服务和功能”提示窗口，如图 8-4 所示，单击该窗口中的“添加必需的角色服务”按钮，返回选择角色服务对话框，如果增强终端访问的安全性时，则需要选中“TS 网关”功能选项。

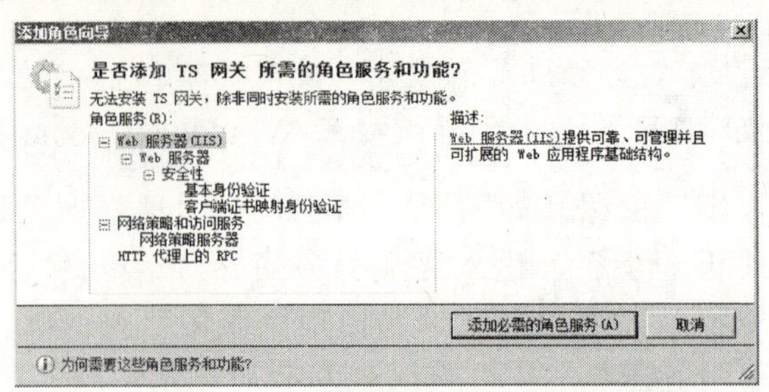

图 8-4　添加所需角色服务和功能

知识补充

与传统的终端服务功能相比，Windows Server 2008 系统在这方面的功能明显得到了增强；在 Windows Server 2008 系统环境下，客户端用户能够使用内置在终端服务中的 TS Web Access 功能，来实现通过 Web 方式访问单位局域网终端服务器的目的，突破了以往只能通过远程桌面连接访问终端服务器的限制，通过这种访问方式，客户端用户能够享受到良好的用户体验。此外，Windows Server 2008 系统的终端服务还新增加了 TS Gateway 网关功能，该功能能够判断出客户端用户是否满足网络连接条件，并且能够确定用户究竟能够访问哪些终端服务器，从而有效保证了终端访问的安全性。

步骤 5：单击“下一步”按钮，根据向导提示继续安装，在“指定终端服务器指定身份验证方法”窗口中，选择“要求使用网络级身份验证”。

步骤 6：单击“下一步”按钮，根据实际要求为终端服务器选择一种授权模式为每用户或每设备。

步骤 7：如图 8-5 所示，自行添加能够访问局域网终端服务器的用户组，工作环境为域环境时，还需要在域控制器中添加用户组同时设置好合适的访问权限。

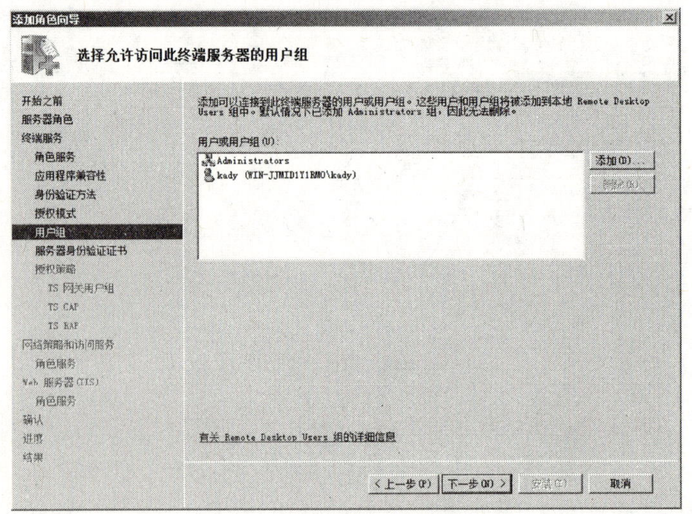

图 8-5　终端服务器用户组

知识补充

使用网络级身份验证功能能够在客户端系统访问终端服务器进行身份识别之前提供网络级别的安全验证，从而能够进一步提高终端访问的安全性。同时，要想正确地使用网络级身份验证功能，网络管理员还必须事先在终端服务器端设置好系统的属性信息，确保终端服务器系统只允许网络级身份验证的用户有权力访问局域网终端服务器。

步骤 8：单击“下一步”按钮设置 SSL 加密的服务器身份验证证书为“稍后设置”，并设置“以后设置 TS 网关创建授权策略”，然后进入“网络策略和访问服务”对话框，为网络策略和访问服务安装“角色服务”。

步骤 9：单击“下一步”按钮，为 Web 服务器（IIS）安装“角色服务”，如图 8-6 所示，最后单击“安装”按钮，Windows Server 2008 系统将会自动搜集信息并进行自动安装操作，然后需要重新启动两次服务器系统，确认配置与安装结果。

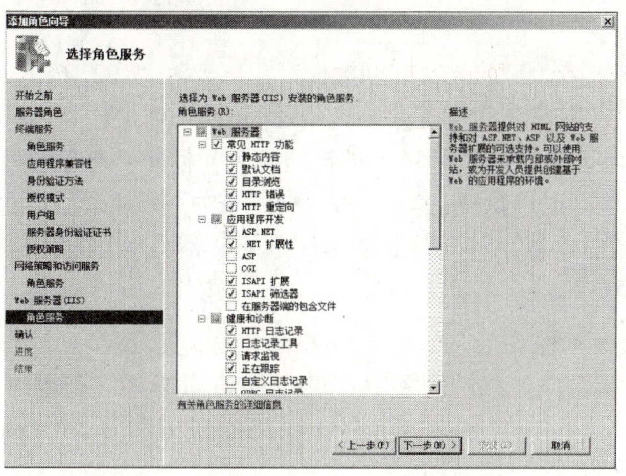

图 8-6 选择 Web 服务器角色服务

8.2.3 任务实施 2–连接终端服务

在 Windows Server 2008 系统下，客户端用户既能通过传统的远程桌面功能与终端服务器建立连接，又能通过 Web 方式访问终端服务器中的共享资源，甚至还能通过终端服务器发布出来的 msi 文件或 rdp 文件与终端服务器建立连接。对于旧版本系统的客户端来说，需要在其中安装远程桌面 6.0 程序，并通过该程序才能与终端服务器建立访问连接。单击“开始”→“所有程序”→“附件”→“通讯”→“远程桌面连接”，启动远程桌面，如图 8-7 所示。

在“远程桌面连接”窗口中设置连接的计算机，以及用户登录的用户名和密码，点击“连接”。然后登录到终端服务器上，这样就可以对终端的应用程序进行共享使用了。

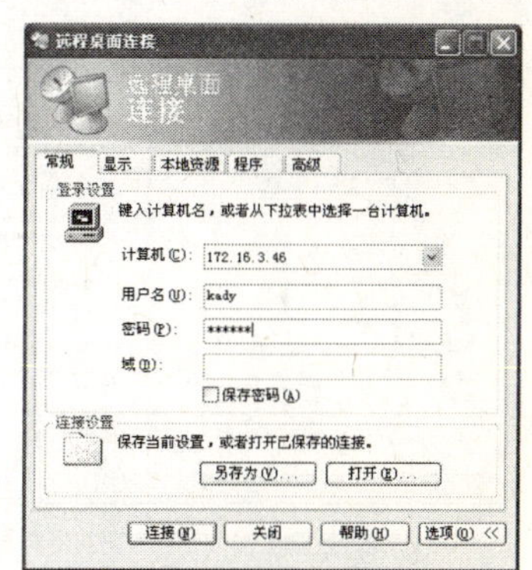

图 8-7 远程桌面连接

8.2.4 能力扩展

在 Windows Server 2008 系统环境下，除了使用远程桌面程序连接终端服务器外，还可以通过 Web 方式访问局域网终端服务器中的共享资源，用户可以像访问目标网站页面那样访问局域网终端服务器，并从中获得一个应用程序列表页面，就能像在本地运行应用程序那样使用终端服务器中的各种应用程序，这种访问终端服务器的方式往往比远程桌面连接来得更为简便。

技能提示

客户端工作站系统要想通过 IE 浏览器访问终端服务器中的内容，应该确保 IE 浏览器的版本不能低于 6.0，并且需要在本地工作站系统中安装终端服务 ActiveX 控件，同时还要打开 IE 浏览器的 Internet 选项设置窗口，将局域网终端服务器的 URL 地址加入到可以信任的访问区域中。

例如，要把主机域名为“ts.mywin2008.cn”，地址为“192.168.0.2”的终端服务器添加到信任的访问区域中，需要做的操作是单击 IE 浏览器窗口中的“工具”→“Internet 选项”命令，在弹出的 Internet 选项设置窗口中单击“安全”标签，并在对应标签页面中选中“可信站点”选项，再单击“站点”按钮，之后通过单击“添加”按钮，将“http://ts.mywin2008.cn/ts”地址或“http://192.168.0.2/ts”加入到 Internet 信任区域中，这样就能通过 Web 方式成功访问到终端服务器中的应用程序列表页面了。

完成上面的各项设置操作后，客户端用户就能成功地连接到局域网终端服务器中了。现在，还要指定客户端用户在终端服务器中究竟能访问哪些应用程序，具体操作步骤如下：

步骤 1：单击“开始”→“管理工具”→“终端服务”→“TS RemoteApp 管理器”命令，打开 TS RemoteApp 管理器窗口。

步骤 2：单击窗口右侧的“添加 RemoteApp 应用程序”，如图 8-8 所示，打开“添加 RemoteApp 向导”，根据向导提示，单击“下一步”按钮继续。

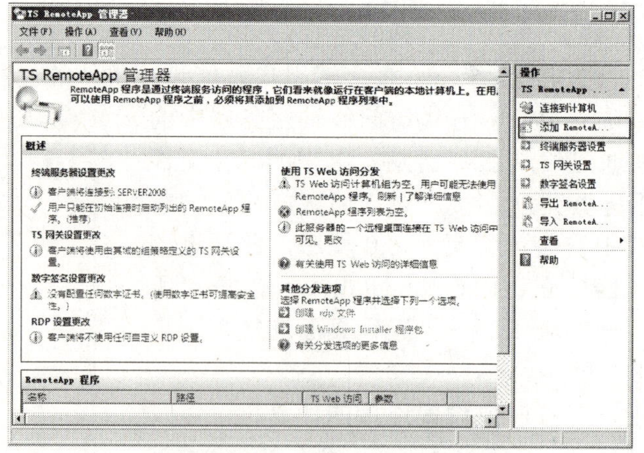

图 8-8 TS RemoteApp 管理器

步骤 3：在“选择要添加 RemoteApp 应用程序列表的程序”中，选择向用户发布的应用程序，如图 8-9 所示。

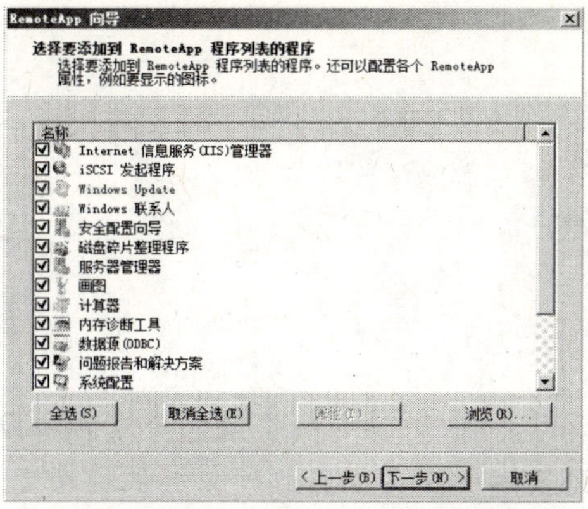

图 8-9　添加 RemoteApp 程序列表

步骤 4：单击“下一步”按钮，在 TS Remote 管理中显示应用程序列表，右击应用程序可以进行删除等操作。选中客户端系统需要使用的目标应用程序，然后右击应用程序，从弹出的快捷菜单中执行“创建.rdp 文件”或“创建 Windows Installer 程序包”命令，接着再将创建成功的 rdp 文件或 msi 文件通过组策略分发给客户端用户，如图 8-10、图 8-11 所示。

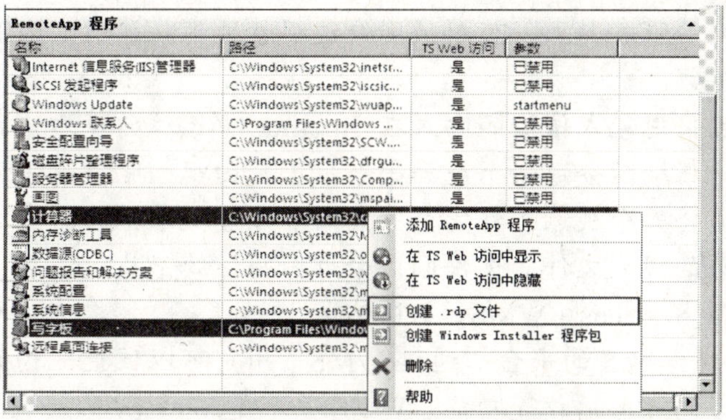

图 8-10　TS Remote 管理创建 rdp 文件

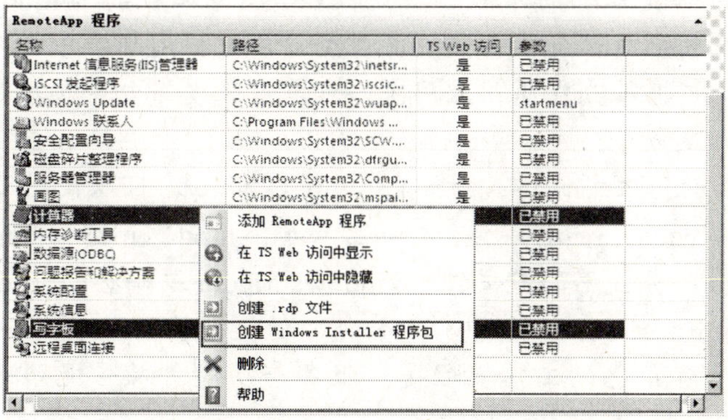

图 8-11　TS Remote 管理创建 msi 程序包

客户端用户接受到该文件后，双击 rdp 或者 msi 文件直接打开该应用程序，就能像在本地系统中那样操作应用程序了。

8.3 任务 3–流媒体服务管理

8.3.1 任务背景与分析

任务背景

某企业想把会议视频放在企业的网络中，企业的分支机构或员工可以访问并观看视频。由于网络原因以及多媒体视频体积较大，企业的分支机构在观看的时候，需要等待很长时间才能加载完毕，造成用户的长时间等待。那么该如何解决这个问题呢？

任务分析

上述问题可以通过配置流媒体服务器来解决，流媒体的典型特征是把连续的音频和视频信息压缩后放到网络服务器上，可以使用户边观看边下载。用户通过流媒体服务器地址来点播服务器上的视频。

所谓流媒体是指采用流式传输的方式在 Internet 中播放的媒体格式。流媒体技术是通过将视频文件特殊地压缩后分成一个个的小数据包，由视频服务器向用户计算机连续、实时传送，用户不需要将整个视频文件完全下载之后才能观看，只需经过短暂的缓冲就可以观看这部分已经下载的视频文件，文件的剩余部分将继续下载。

Windows Media Services（WMS，Windows 媒体服务）是微软用于在企业 Intranet 和 Internet 上发布数字媒体内容的平台。通过 WMS，用户可以便捷地构架媒体服务器，实现流媒体视频以及音频的点播播放等功能。WMS 并不是 Windows Server 2008 中一个全新的组件，也存在于微软以往的服务器操作系统中。新一代多媒体内容发布平台 WMS 2008 可以在 32 位和 64 位的 Web 版、标准版、企业版和数据中心版的 Windows Server 2008 中进行安装。WMS 2008 的应用环境非常广泛，在企业内部应用环境中，可以实现点播方式视频培训、课程发布、广播等。在商业应用中，可以用来发布电影预告片、新闻娱乐、动态插入广告、音频视频服务等。

WMS 2008 支持的标准文件格式为.asf、.wma、.wmv，可以使用 Windows Media 编码器，将文件扩展名为.wma、.wmv、.asf、.avi、.wav、.mpg、.mp3、.bmp 和.jpg 等文件转换成为 Windows Media 服务使用的流文件。Windows Media 编码器（Windows Media Encoder）并没有集成在 Windows Server 2008 中，用户可以通过微软网站下载安装。

配置流媒体服务器角色的工作流程是：服务与功能需求→规划→流媒体服务器的安装→连接配置。

8.3.2 任务实施–流媒体服务的配置与连接

1. WMS 2008 安装准备阶段

Microsoft Update Standalone Package（msu）的下载与安装。

WMS 2008 并不集成于 Windows Server 2008 系统中，而是单独作为一个免费的系统插件， Microsoft Update Standalone Package 需要用户下载后双击进行安装。如图 8-12 所示，x64 为 64 位，x86 为 32 位，根据自己的系统要求下载相关文件。

File Name:	File Size
Windows6.0-KB934518-x64-Admin.msu	6.0 MB
Windows6.0-KB934518-x64-Core.msu	10.6 MB
Windows6.0-KB934518-x64-Server.msu	16.9 MB
Windows6.0-KB934518-x86-Admin.msu	5.7 MB
Windows6.0-KB934518-x86-Core.msu	10.3 MB
Windows6.0-KB934518-x86-Server.msu	16.3 MB

图 8-12　流媒体文件下载列表

技能提示

Microsoft Update Standalone Package，这个插件包被用来安装 WMS 2008，并且为 Windows Server 2008 添加流媒体服务器角色。需要注意的是，下载页面提供了 32 位和 64 位系统的插件包，用户需要根据操作系统情况正确下载。如果用户是全新安装的 Windows Server 2008，需要下载“server.msu”，如果用户安装的是 server core 模式的 Windows Server 2008，则需要下载的是“core.msu”，而“Admin.msu”是 WMS 2008 的管理工具，用户可酌情下载。

除了可以使用 Windows Media Encoder 将视频编码成 Windows 标准视频音频格式，还可以使用 Microsoft Producer、Windows Movie Maker 等工具制作标准格式。

2. 架设阶段：添加流媒体服务器角色、提供流媒体服务

步骤 1：添加流媒体服务器角色，在启动 Windows Server 2008 操作系统后，运行准备好的 Microsoft Update Standalone Package 文件，打开服务器管理器，添加角色。

技能提示

运行 Microsoft Update Standalone Package 文件时，如果提示“更新不能应用到系统”，则需要打开网络，安装 Windows 系统所需要的更新文件之后，再双击安装流媒体文件包。

步骤 2：在服务器管理器中点击鼠标右键，选择“刷新”，系统会刷新服务器角色，然后重启服务器管理器。点击角色，添加角色，打开“选择服务器角色”向导，这时候才会出现“流媒体服务”选项，选中该项后点击“下一步”按钮，如图 8-13 所示，进入流媒体简介界面。

步骤 3：根据向导单击“下一步”按钮进入“选择为流媒体安装的角色服务”向导，如图 8-14 所示，选择“Windows 媒体服务器”，除此选项必须安装外，可以选择安装基于 Web 方式的管理工具和日志代理功能。如果选择安装 Web 方式管理工具，需要安装 IIS 组件。

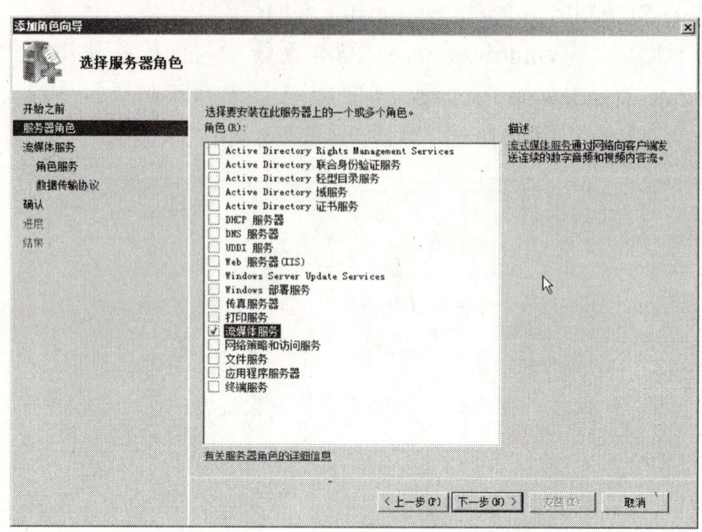

图 8-13　选择服务器角色

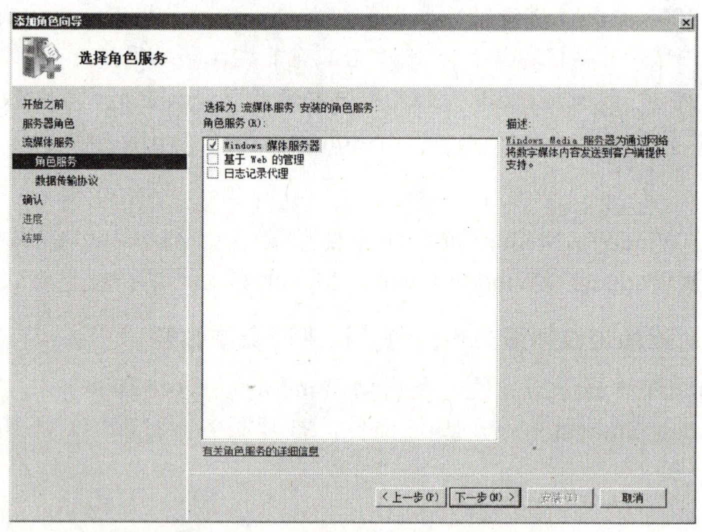

图 8-14　流媒体服务安装角色服务

步骤 4：选择“下一步”进入“选择数据传输协议”页面，可以选择 RTSP 或者 HTTP，由于没有配置 IIS 端口，在这里 HTTP 不能启用。HTTP 与 RTSP 相比，HTTP 传送 HTML，而 RTSP 传送的是多媒体数据，可以双向进行传输，可扩展易解析，使用网页安全机制，适合专业应用。

步骤 5：确认安装信息，单击“下一步”按钮之后开始安装流媒体服务器。安装完成后，可以在管理工具中打开媒体服务控制台。

3. 设置发布池（Publishing Points）

步骤 1：添加完流媒体服务器角色之后，打开媒体服务控制台，需要进行相应的设置，如添加视频文件、添加播放列表、设置视频信息或者插播广告等内容。首先要设置发布池（Publishing Points），添加需要发布的媒体文件和创建播放列表。

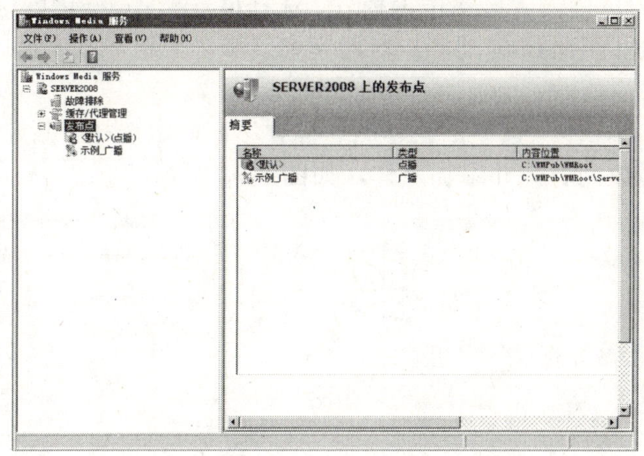

图 8-15 Windows Media 服务管理

步骤 2：右击媒体服务器控制台中的发布点，可以选择添加 Publishing Points 向导，启动“添加发布点向导”。

步骤 3：单击“下一步”按钮，设置“发布点名称”，名称便于记忆，利于用户访问媒体服务器上的内容。命名为“PlPoint1”。

步骤 4：单击“下一步”按钮进入“内容类型”向导，选择播放列表，如图 8-16 所示。

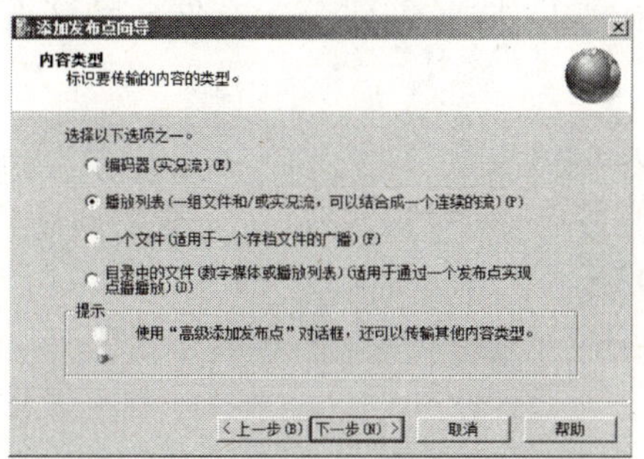

图 8-16 添加发布点内容类型

知识补充

内容类型有 4 种，编码器可以称作“在线流媒体”，选择此项是将媒体服务器直接连接到一台编码计算机，并且发布该计算机编码的文件；“播放列表”表示可以发布连贯的内容，可以按照播放列表进行播放；“一个文件”表示 WMS 发布媒体服务器上的单个文件，文件类型包括 wma、wma、asf、wsx 和 mp3；“目录中的文件”表示用户可以访问制定文件夹中的所有文件，可以通过 URL 访问文件夹中的单个文件，也可以顺序进行播放，适合发布池的点播播放模式。

步骤 5：单击“下一步”按钮选择发布点类型，有两种类型可以选择，广播发布模式：类似于电视的播放模式，用户具有相同的体验，节目顺序播放。点播发布模式：每个用户可控制播放过程，可以暂停、快进或者切换等。

步骤 6：单击“下一步”按钮，在如图 8-17 所示的“发布点类型”窗口中选择“广播发布点”，此选项采用单播或者多播传输模式，选择单播模式表示用户独享媒体流，可以体验多编码率选择和 fast streaming 功能；多播模式表示多个用户共享同一个媒体流，需要多播路由器的支持。

步骤 7：单击“下一步”按钮，在“文件位置”窗口中选择“新建播放列表”，也可以添加之前创建过的播放列表，并添加媒体，如图 8-18 所示。

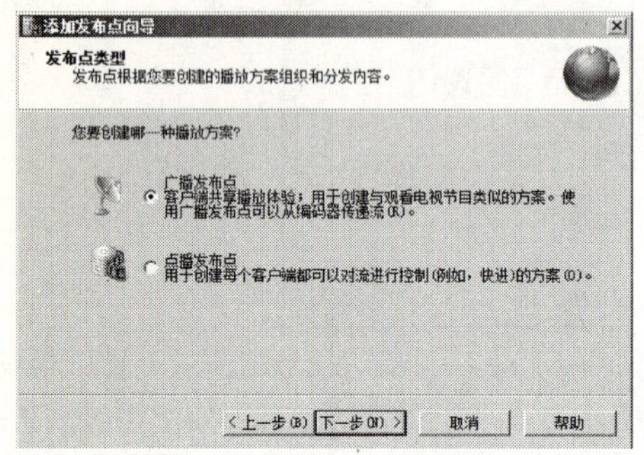

图 8-17　发布点类型

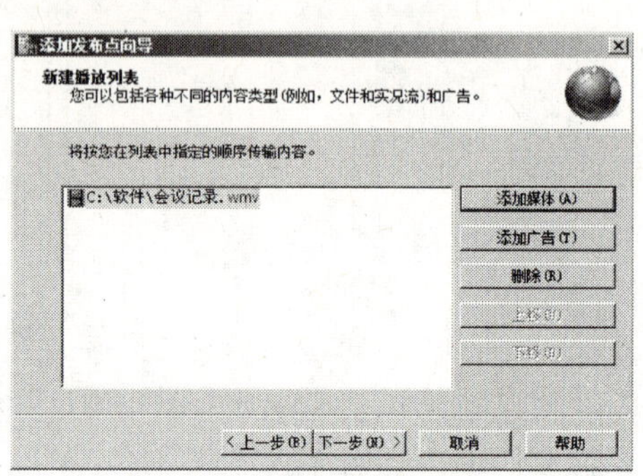

图 8-18　选添加媒体元素

步骤 8：为新的播放列表中添加媒体文件，并保存播放列表。

步骤 9：选择播放模式，循环播放或者随机播放，在“单播日志记录”窗口中选择“是，启用该发布点的日志记录”，记录用户访问媒体服务器的情况。

步骤 10：完成发布点的添加，同时创建公告文件。到这里需要设置的选项已经全部设置成功。

4．发布声明（Announcement）

步骤 1：在设置完发布池后启动单播公告向导，需要向用户发布声明，设置访问 URL，编辑媒体信息等，如图 8-19 所示。

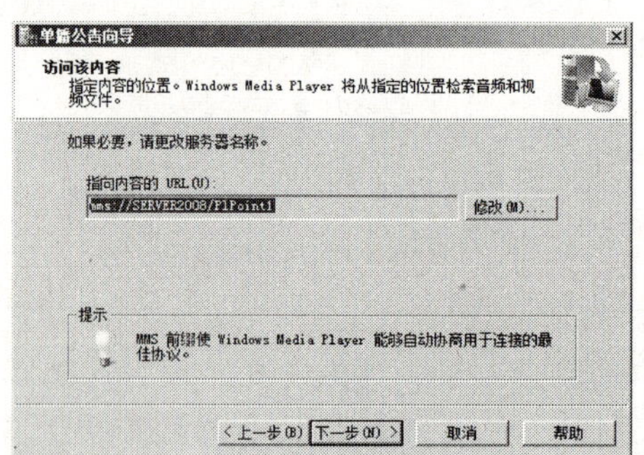

图 8-19　单播公告向导

步骤 2：单击“下一步”按钮进入视频信息编辑向导页面，可以在这里编辑视频播放时显示的信息，包括名称、作者、版权信息等，如图 8-20 所示。

步骤 3：编辑好视频播放信息后，声明就发布成功了。至此，利用 Windows Media Services 2008 构建流媒体服务器就完成了。用户可以通过 mms://SERVER 2008/PlPoint1 来访问媒体服务器。

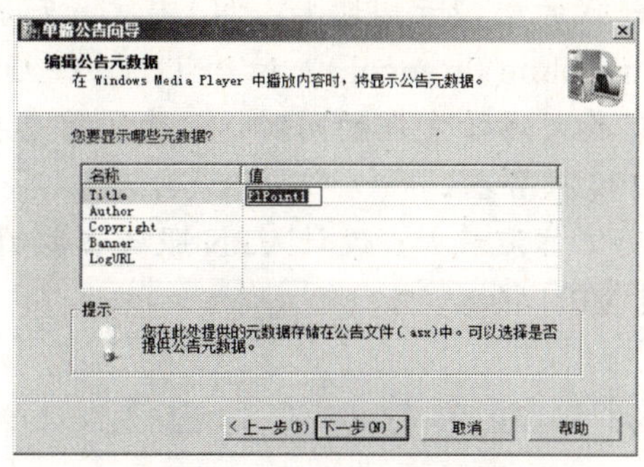

图 8-20 编辑公告元数据

8.3.3 能力扩展

WMS 2008 还集成缓存/代理功能，可以提高流媒体播放速度和质量。在上述任务中，如果同时访问服务器的用户非常多，会给服务器造成很大压力，影响视频的播放速度。这时候可以利用 WMS 2008 的 cache/proxy 功能，在本地构架一台缓存服务器，将播放的内容进行缓存，从而提高流媒体的播放速度。

Server Core 模式为一些特定服务的正常运行提供了一个最小的环境，从而减少了其他服务和管理工具可能造成的攻击和风险。WMS 2008 支持在 Server Core 模式进行安装，从而将风险和资源占用减到最低。

8.4 任务 4–VPN 服务器的配置与管理

8.4.1 任务背景与分析

任务背景

某企业在各地建立有异地分支机构、办事处、经营部门、生产部门。同时，管理机构、出差人员对中心服务器的数据或特定软件也有访问需求，为了满足各类需求。如何在保证数据传输的安全性的同时，利用高速、便利的互联网接入安全地实现移动办公呢？

任务分析

解决异地网络通过公共网络实现相互的访问，可以通过 VPN 技术来实现。虚拟专用网

（VPN，Virtual Private Network）是一种利用公共网络来构建的专用网络技术，能够实现专用网络的功能。虚拟专用网可以帮助远程用户、公司分支机构、商业伙伴及供应商同公司的内部网建立可信的安全连接，并保证数据的安全传输。

SSTP 是微软提供的新一代的虚拟专用网（VPN）技术，它的全称是安全套接层隧道协议（SSTP，Secure Socket Tunneling Protocol），和 PPTP L2TP OVER IPsec 一样，也是微软所提供的 VPN 技术。在拥有最大弹性发挥的同时，又确保信息安全达到了一定程度。下面就来利用 SSTP 构建一个 VPN 服务器。

配置一台 VPN 服务器的工作流程是：设计 VPN 服务器拓扑结构→VPN 服务器的配置→客户端设置→客户端通过 VPN 接入。

8.4.2 任务实施 1–VPN 服务器环境的配置

1. 规划设计 VPN 服务器搭建的拓扑图（见图 8-21）

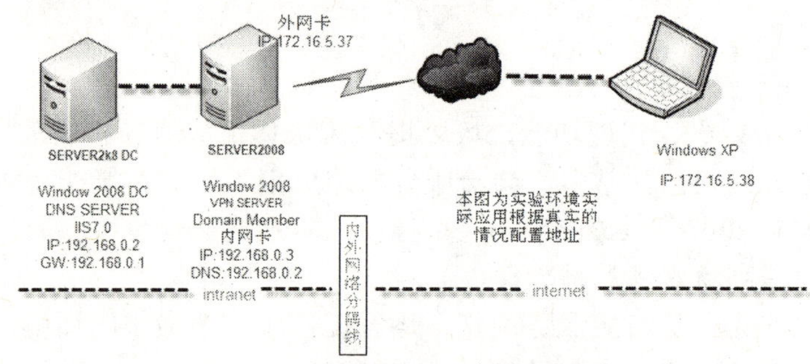

图 8-21　VPN 服务器网络拓扑图

说明：

图中 SERVER2K8 DC 是一台 Windows Server 2008 域控制器，名为 SERVER2k8.mywin2008.cn。充当 DC、CA（企业根）、FILE SERVER 角色。其参数是：IP Add:192.168.0.2, Gw:192.168.0.1, DNS:192.168.0.2。

图中 SERVER 2008 是一台 Windows Server 2008 服务器，域成员，充当 RRAS 、IIS 服务器。两块网卡。其参数是：内网网卡（NEI）IP 地址：192.168.0.3，DNS:192.168.0.2，外网网卡（WAI）IP 地址：172.16.5.37，DNS:192.168.0.2。

图中 Windows XP 是一台 sp3 的客户端，位于 Internet 上的任一位置。IP 地址是 172.16.5.38（真实环境是能连接 Internet 的 IP 地址）。

2. VPN 服务器配置过程

1）配置域控制器 SERVER2K8 DC。

步骤 1：在 SERVER2K8 DC 上安装 AD 目录，并升级域控制器（参考前面第 4 章 AD 的安装过程，顶级域名为：mywin2008.cn）。

步骤 2：为服务器安装 DNS（参考前面章节内容）。

2）在 SERVER2K8 DC 中安装 AD 证书并设为企业根，并安装 IIS7.0。

步骤 1：在 SERVER2K8 DC 上，打开服务器管理器，在“角色”中点选“添加角色”，并在弹出添加角色向导中点选“ACTIVE DIRECTORY 证书服务”，单击“下一步”按钮。

步骤 2：在“选择角色服务”窗口中，勾选“证书颁发机构”与“证书颁发机构 Web

注册”选项，弹出如图 8-22 所示的添加所需角色服务和功能的对话框，单击添加必需的角色服务，如图 8-23 所示。

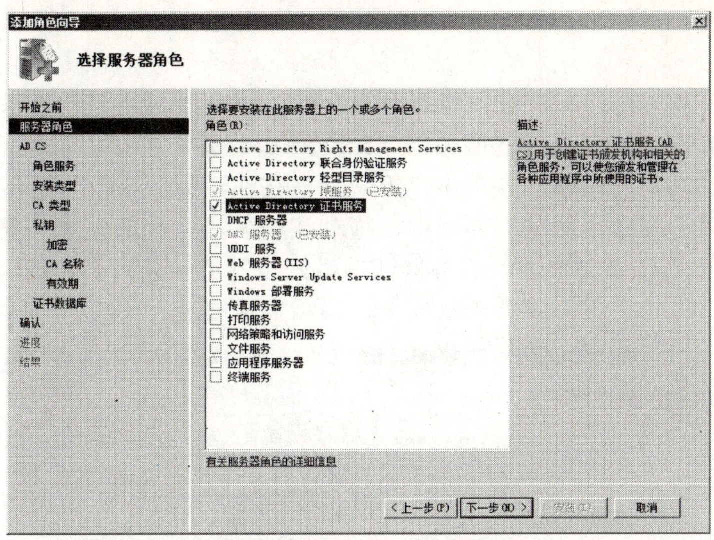

图 8-22　选择服务器角色

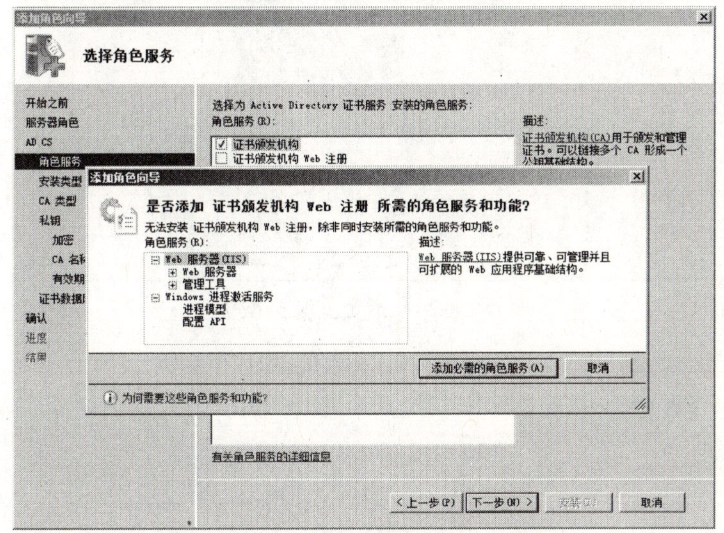

图 8-23　AD 证书服务安装角色服务

步骤 3：单击“下一步”按钮进入“指定安装类型”窗口，选择“企业”并单击“下一步”按钮，如图 8-24 所示。

步骤 4：在“指定 CA 类型”窗口中点选“根 CA（R）”，单击“下一步”按钮新建私钥，如图 8-25 所示。

步骤 5：单击“下一步”按钮为 CA 配置加密，配置 CA 名称，继续根据向导提示进行安装。

步骤 6：该服务还需要安装“Web 服务器”，默认安装。

步骤 7：在“确认安装选择”界面，通过下拉右侧按钮可以清楚地看到之前的设定，确认各项设置，选择“安装”。

3）在 VPN 服务器 SERVER 2008 中安装 IIS7.0，为 SSTP VPN 服务器请求一个证书，为 VPN 服务器安装 RRAS，配置其为 VPN 和 NAT 服务器，配置 NAT 服务器发布 CRL（证书吊销列表）。

步骤 1：安装 IIS7.0，打开“服务器管理器”，并在角色面板中选择“添加角色”，在“选择服务器角色”界面，选择“Web 服务器（IIS）”，并在弹出的“添加角色向导”界面中，点击“添加必需的功能”按钮，并单击“下一步”按钮，如图 8-26 所示。

步骤 2：在“选择角色服务”界面中，拖动滚动条，并全部勾选“安全性”选项，如图 8-27 所示。上述操作是为下面的服务器证书做好组件的安装而准备的，否则就不能使用证书申请向导了。选择“下一步”确认安装，最后完成安装。

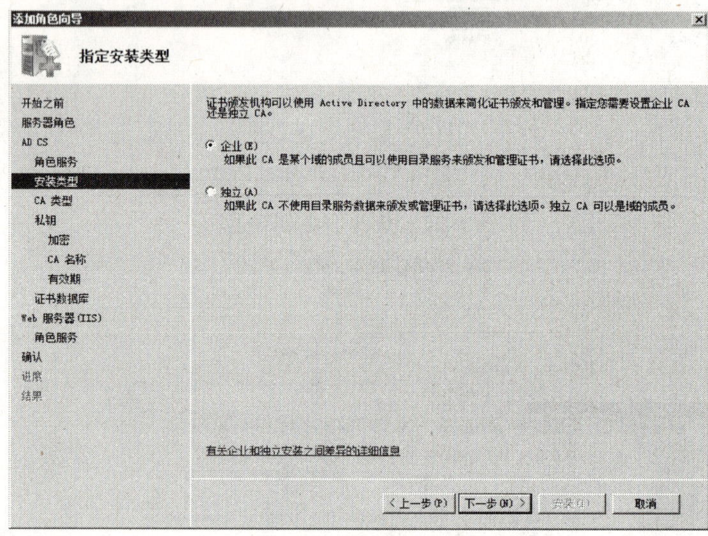

图 8-24　指定安装类型

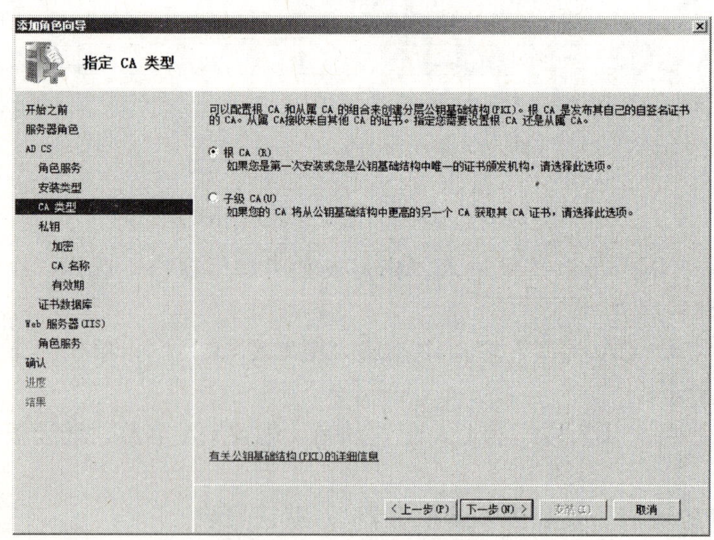

图 8-25　指定 CA 类型

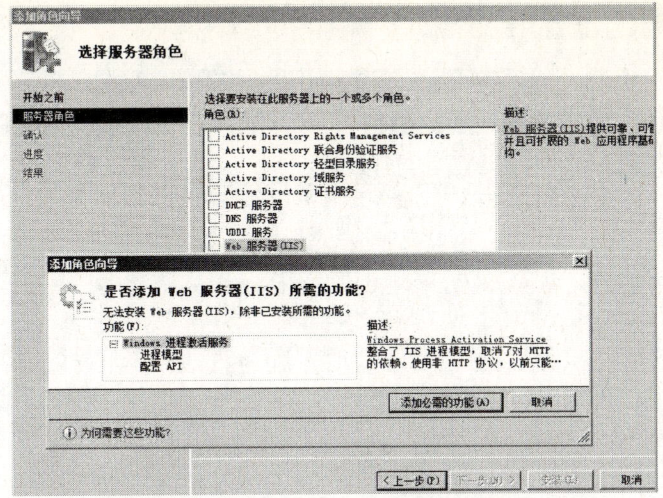

图 8-26　Web 服务器角色选择

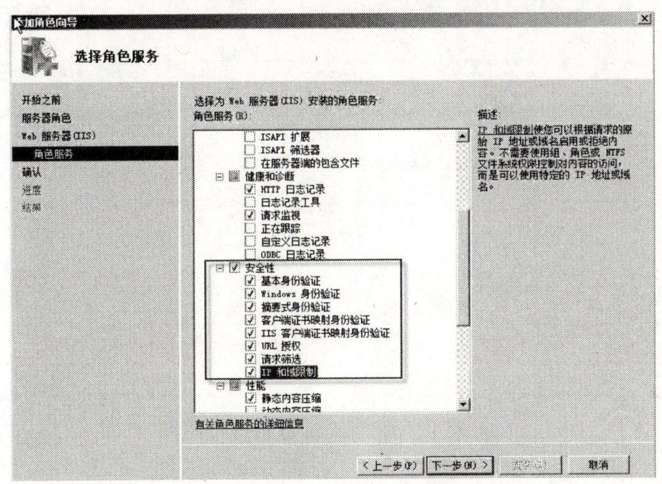

图 8-27　Web 服务器角色参数设置

步骤 3：VPN 服务器上使用 IIS7.0 中的证书请求向导，在服务器管理器中打开 Internet 信息服务，并在右侧窗口中找到“服务器证书”，双击打开或者选择右侧的“打开功能”，如图 8-28 所示。

步骤 4：在打开的“服务器证书”控制面板中，选择右侧的“创建域证书”，并在弹出的“可分辨名称属性”对话框中，填入图中 8-29 所示的内容。

技能提示

在图 8-29 中，Internet 信息服务中，服务器显示部分 SERVER2008 (MYWIN2008\test)，是以域成员登录的，必须保证登录方式。

在图 8-30 中，注意：这里的 sstp.mywin2008.cn，是对应到 SSTP VPN 服务器的外部 IP 的，由于这里只是测试环境，需要在 SSTP VPN 客户端的主机文件里新建 DNS A 记录。

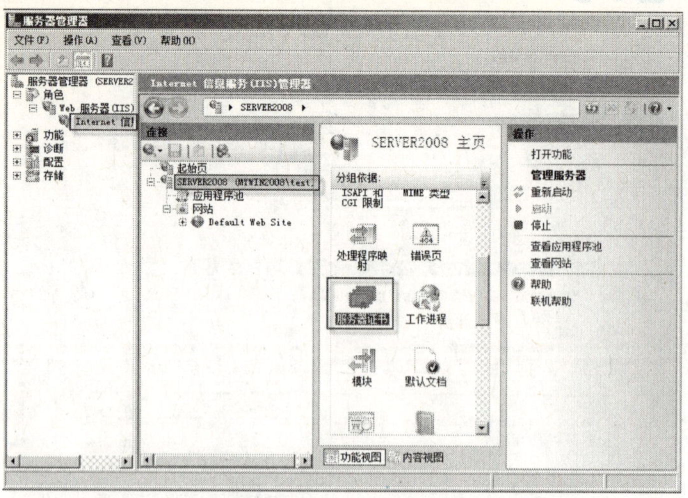

图 8-28　服务器证书

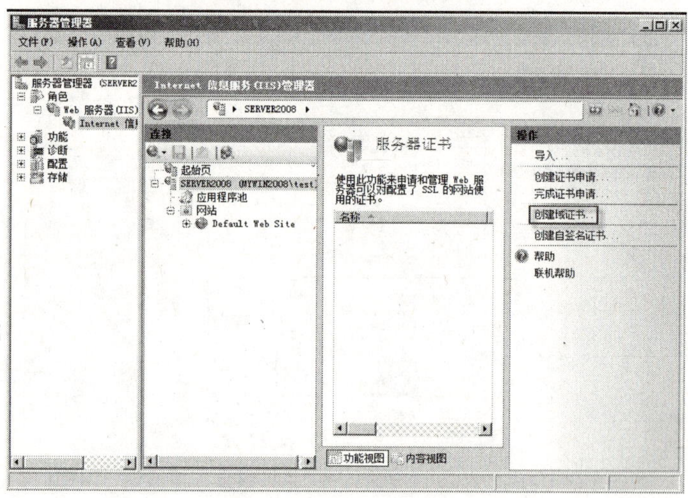

图 8-29　证书创建界面

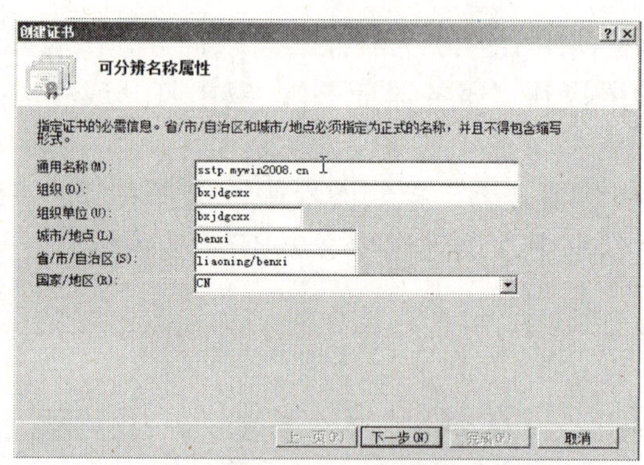

图 8-30　可分辨名称属性

步骤 5：单击“下一步”按钮，在“联机证书颁发机构”中，点击“选择”，并为其选择证书颁发机构，如图 8-31 所示，并设置容易记忆的名称。

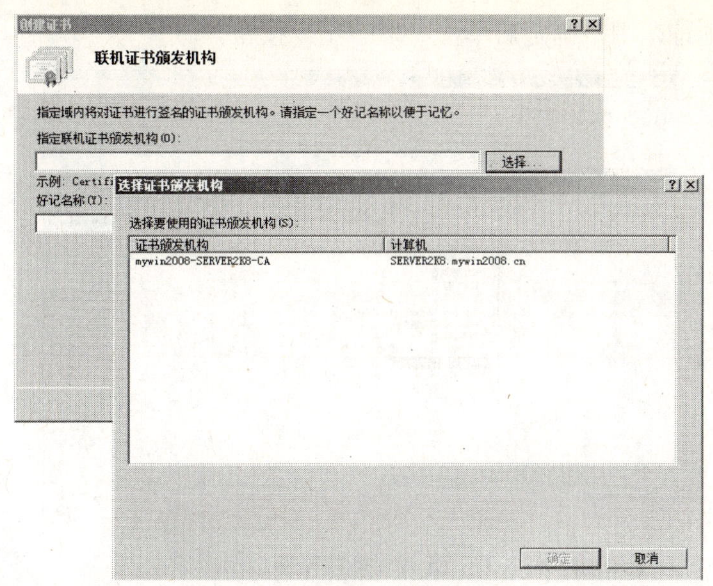

图 8-31　联机证书颁发机构

步骤 6：单击“完成”按钮，打开设置好的证书，如图 8-32 所示。

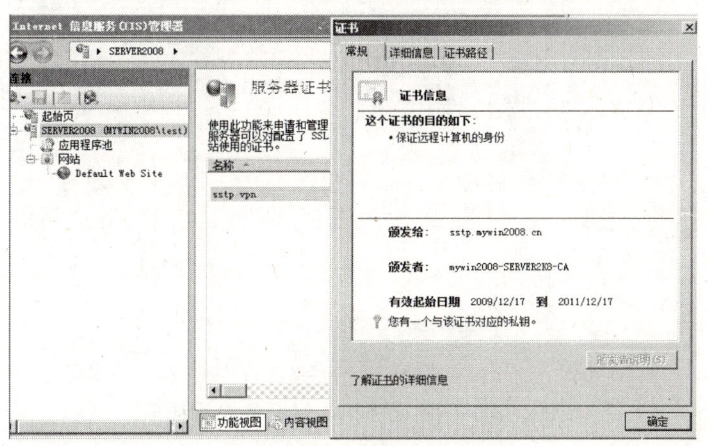

图 8-32　证书属性界面

步骤 7：在“服务器管理器”中添加角色“网络策略和访问服务”，如图 8-33 所示。

步骤 8：在弹出的“选择角色服务”窗口中，选择“路由和远程访问服务”，并确保“远程访问服务”、“路由”两项被选定，如图 8-34 所示，并点击“下一步”按钮，直至完成此角色的安装。

步骤 9：完成安装后，展开“角色”、“网络策略和访问服务”，右键选择“配置并启用路由和远程访问”，如图 8-35 所示。

步骤 10：在“路由和远程访问服务欢迎向导”界面，单击“下一步”按钮，如图 8-36 所示。在弹出的“配置”界面，勾选“虚拟专用网络（VPN）和 NAT”选项。单击“下一步”按钮，在“VPN 连接”界面，选择名称为“WAI”的网卡，单击“下一步”按钮。

步骤 11：在接下来的界面中选择“来自一个指定的地址范围”，在“地址范围分配”

界面，输入新的地址范围，确定后单击“下一步”按钮。

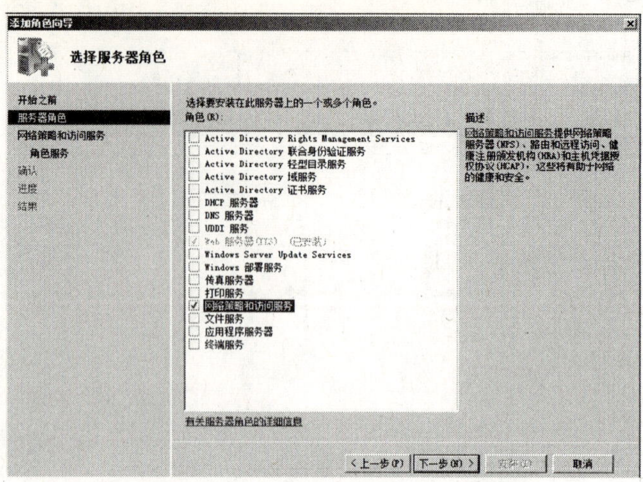

图 8-33　选择网络策略和访问服务

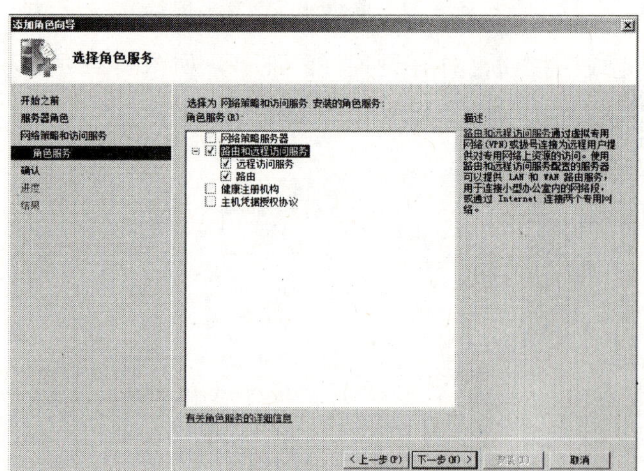

图 8-34　网络策略和访问服务设置选项

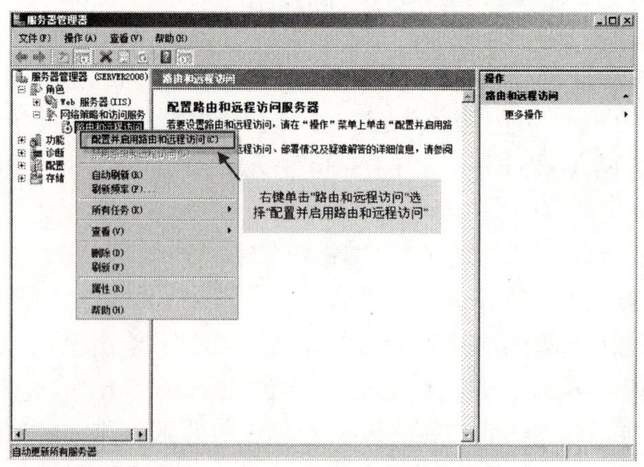

图 8-35　路由和远程访问配置

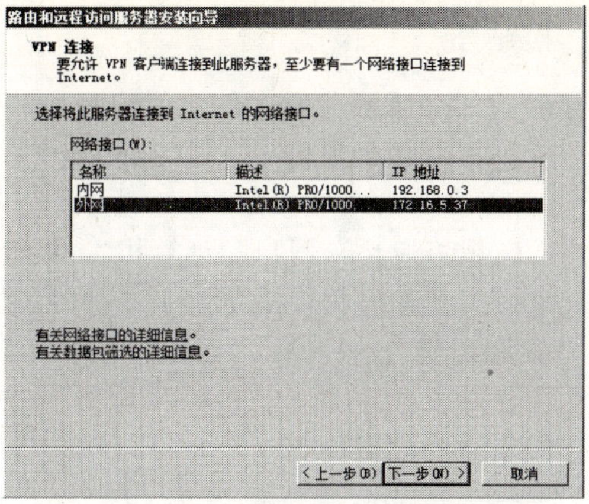

图 8-36　VPN 连接网络接口

步骤 12：在“管理多个远程访问服务器”界面，由于没有内部的 RADIUS 服务器，此处选择第一项“否，使用路由和远程访问来对连接进行身份验证”。单击“下一步”按钮，在“正在完成路由和远程访问服务服务器安装向导”界面，点击“完成”结束路由配置。此时可以看到“路由和远程访问”下的端口处 SSTP 已经创建。

步骤 13：为了能使 SSL VPN 客户端下载到 CRL，就需要配置 NAT 服务器，以发布位于内部的 AD CA 服务器上的 CRL，打开证书属性对话框，选择详细信息选项卡，选择 CRL 分发点，图 8-37 所示的框选部分为 CRL 的 URL 地址。

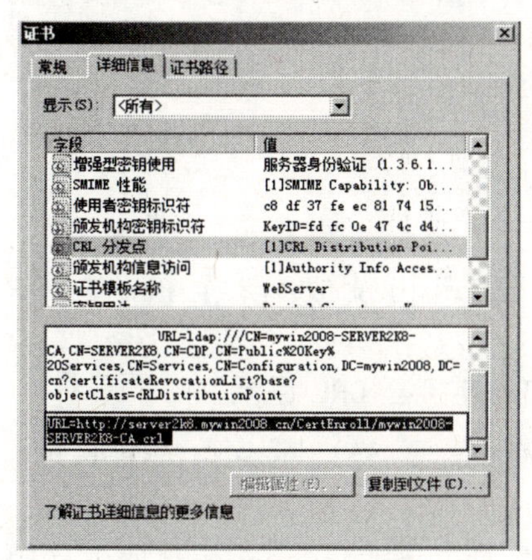

图 8-37　证书详细地址

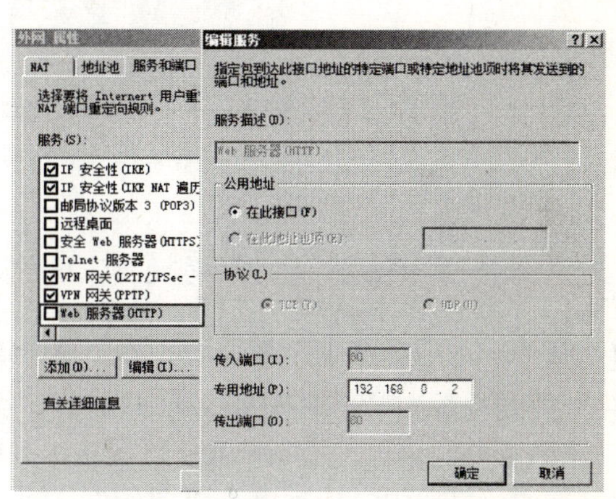

图 8-38　服务和端口选项设置

步骤 14：展开“路由和远程访问”至“NAT”项，在右侧的面板中，右键单击“外网”，选择“属性”。

步骤 15：在“WAI 属性”界面中，选择“服务和端口”选项卡，并勾选“Web 服务器（HTTP）”，会弹出“编辑服务”界面，在“专用地址”对话框中，（见图 8-38）。填入内部的 AD CA 服务器的 IP 地址：192.168.0.2，点击“确定”按钮，完成此次操作。

此处注意的是因为是实验环境，需要在 SSL VPN 客户端的主机文件中添加针对此次发布的 DNS A 记录项，后面在客户端连接时设置。

3. 在 DC 上配置拨入连接账号

在使用 VPN 技术时，应当在 VPN 服务器中创建用户账户，并允许其拨入的权限。

在此环节中，用户账号拨入的网络权限仍与之前 Windows 版本的做法相同：要设置允许访问。

在 DC 机器中，打开“Active Directory 用户和计算机”，展开至“用户”节点，在右侧面板中右击选择“administrator”，在弹出的快捷菜单中选择“属性”，在“拨入”→“网络访问权限”一栏中，勾选“允许访问”，并单击“确定”按钮，如图 8-39 所示。

这里需要说明的是，由于是域环境，且 SSTP VPN 服务器是域成员服务器，所以只需在 DC 上允许一个账户具有拨入访问权限即可。

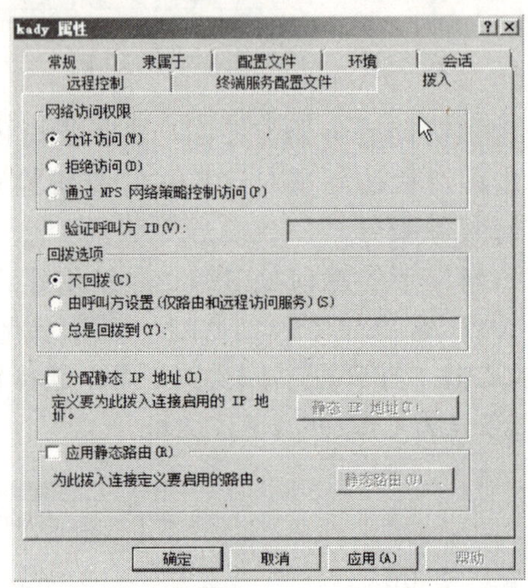

图 8-39　用户拨入选项卡

8.4.3　任务实施 2—客户端通过 VPN 服务器接入公司内网

1. 在 AD CA 服务器上配置 IIS，使之能通过 HTTP 连接至 CRL 目录

使用安装向导安装证书服务 Web 站点时，会设置成需要 SSL 连接至 CRL 目录。在进行接下来的操作之前，先要确认 CRL 目录并不需要使用 SSL 连接。

1）在 DC 机器中，依次打开“开始”→“管理工具”→“Internet 信息服务（IIS）管理器”。

2）展开至“CertEnroll”节点，并选择中间控制面板下方的“内容视图”，这些就是 CRL 目录的内容了。在同一窗口中，选择“功能视图”，并找到“SSL 设置”项，双击后可以看到“需求 SSL”前面的按钮是灰色的，说明不需要 SSL 连接。

2. 在 SSTP VPN 客户端设置 HOSTS 文件

在 SSTP VPN 客户端，编辑 c:\windows\system32\drivers\etc\hosts（注意，在保存之前应确保这个文件具有被修改的权限），然后输入：

172.16.5.37　sstp.mywin2008.cn

172.16.5.37　Server2k8.mywin2008.cn（这个为域控制器的，可以省去）

Hosts 文件修改设置如图 8-40 所示。

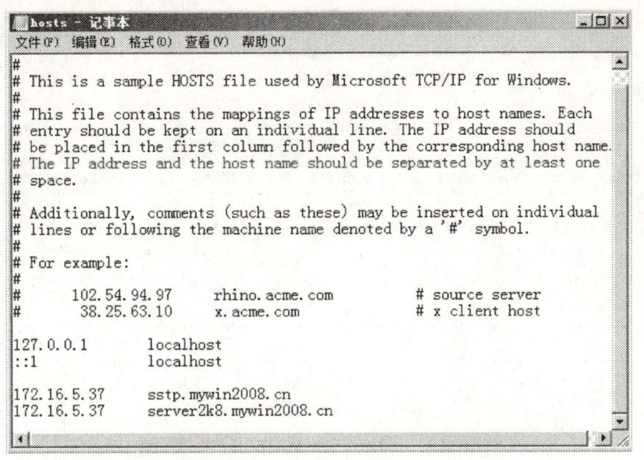

图 8-40　Hosts 文件修改设置

3. 在 SSTP VPN 客户端使用 PPTP 协议连接 SSTP VPN 服务器

由于 SSTP VPN 客户端不是域成员机器，故 CA 证书不会自动安装在“受信任的根证书颁发机构”中。需要新建一个 PPTP 连接至 SSTP VPN 服务器，然后，通过 Web 的方式来下载一个 CA 证书。或者可以先下载后，直接传到这台机器上。

步骤 1：在 VPN 客户端，打开“网络和共享中心”，点击“创建一个新的连接”打开新连接向导窗口，单击“下一步”按钮进入“网络连接类型”，选择“连接到我的工作场所的网络”。在接下来的“你想如何连接”中，选择“虚拟专业网络连接”，点击“下一步”按钮，在“VPN 服务器选择”窗口中设置主机名为 sstp.mywin2008.cn，如图 8-41 所示，然后完成连接设置。命令行下也可以看到分配的 IP 地址，以及可以和内部网络的 DC 通信了。用户连接对话框如图 8-42 所示。

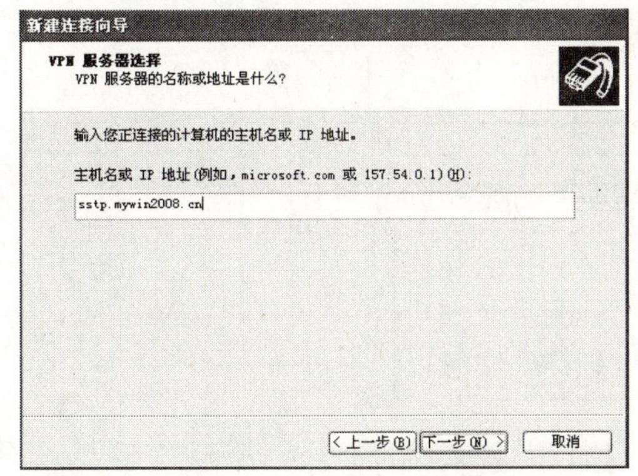

图 8-41　VPN 服务器选择

图 8-42　用户连接对话框

步骤 2：打开 IE 浏览器，输入 AD CA 服务器的 Web 注册网址：http://192.168.0.2/certsrv，并在弹出的用户认证界面中输入用户名和密码。在出现的“欢迎使用”页中点“下载 CA 证书、证书链或 CRL”，如图 8-43 所示。

步骤 3：会出现图 8-44 中所示的窗口信息，需要单击鼠标右键选择“允许并运行”，然后执行证书下载操作，如图 8-45 所示。

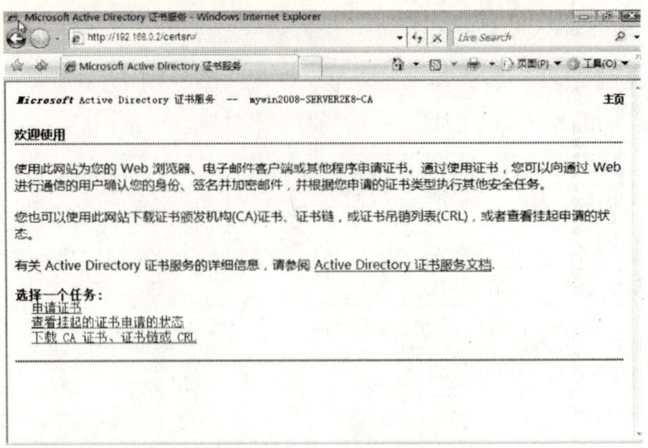

Microsoft Active Directory 证书服务 - Windows Internet Explorer
http://192.168.0.2/certsrv/
Microsoft Active Directory 证书服务 -- mywin2008-SERVER2K8-CA
主页
欢迎使用
使用此网站为您的 Web 浏览器、电子邮件客户端或其他程序申请证书。通过使用证书，您可以向通过 Web 进行通信的用户确认您的身份、签名并加密邮件，并根据您申请的证书类型执行其他安全任务。
您也可以使用此网站下载证书颁发机构(CA)证书、证书链，或证书吊销列表(CRL)，或者查看挂起申请的状态。
有关 Active Directory 证书服务的详细信息，请参阅 Active Directory 证书服务文档.
选择一个任务：
申请证书
查看挂起的证书申请的状态
下载 CA 证书、证书链或 CRL

图 8-43 服务器 Web 服务网址

Microsoft Active Directory 证书服务 - Windows Internet Explorer
http://192.168.0.2/certsrv/certcarc.asp
Microsoft Active Directory 证书服务 -- mywin2008-SERVER2K8-CA
主页
下载 CA 证书、证书链或
您注意到信息栏了吗？
信息栏会发出与安全相关的状态警报(例如，如果刚刚阻止一个潜在危险的文件或弹出窗口)。
如果网页未正确显示，请查找并单击页面顶部的信息栏。
不再显示此信息(D)
关闭(C)
CA 证书:
编码方法:
DER
Base 64
下载 CA 证书
下载 CA 证书链

图 8-44 下载证书服务

此网站需要运行以下加载项："Microsoft Corporation" 中的 "证书注册控制"。如果您信任该网站和该加载项并允许运行该加载项，请单击这里...
Microsoft Active Directory 证书服务 -- mywin2008-SERVER2K8-CA
主页
下载 CA 证书、证书链或 CRL
若要信任从该证书颁发机构颁发的证书，请安装此 CA 证书链。
要下载一个 CA 证书、证书链或 CRL
Internet Explorer - 安全警告
是否运行该 ActiveX 控件?
名称: 证书注册控制
发行者: Microsoft Corporation
运行(R)
不运行(D)
CA 证书:
当前 [mywin2008-SERVER2K
编码方法:
DER
Base 64
下载 CA 证书
下载 CA 证书链
下载最新的基 CRL
下载最新的增量 CRL

图 8-45 下载证书服务

步骤 4：证书下载完成后安装并运行“MMC”，在控制台中选择“文件”→“添加或删除管理单元”，如图 8-46 所示，在打开的窗口中右击“证书”，并点击添加“计算机账号”。在“选择计算机”对话框中，选择“本地计算机”，并点击“完成”按钮。

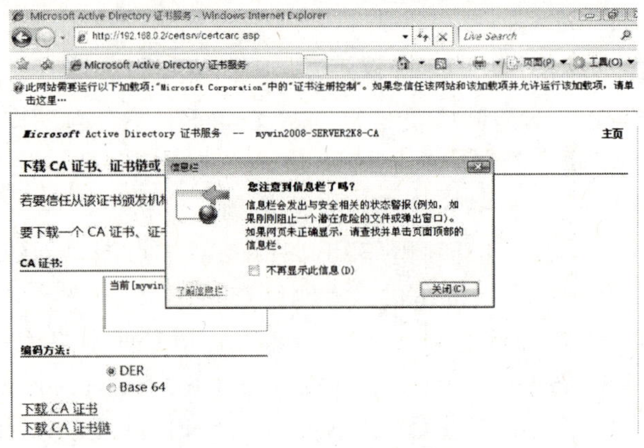

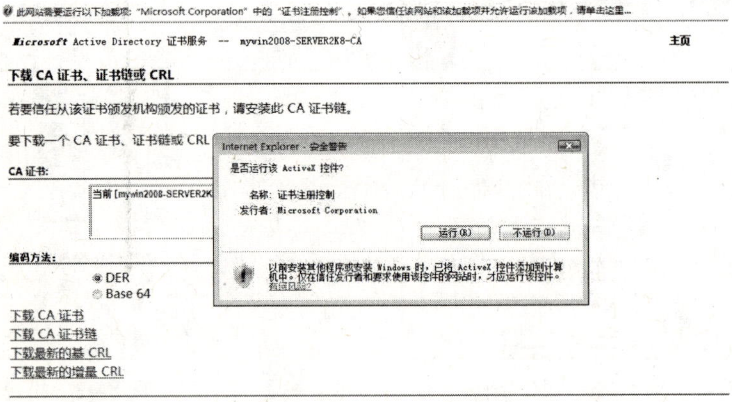

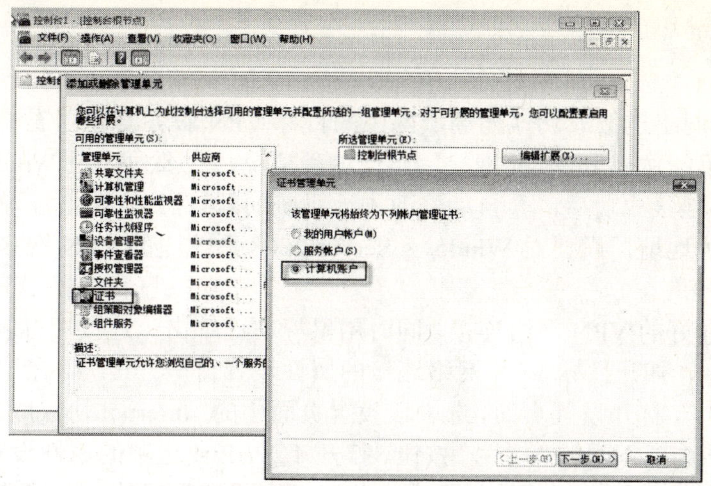

图 8-46 证书管理单元

步骤 5：展开“控制台根节点”，在“证书（本地计算机）”中选择“受信任的根证书颁发机构”下的“证书”，如图 8-47 所示，单击鼠标右键选择“所有任务”→“导入”，在“要导入的文件”界面中，浏览至桌面之前保存的证书文件。

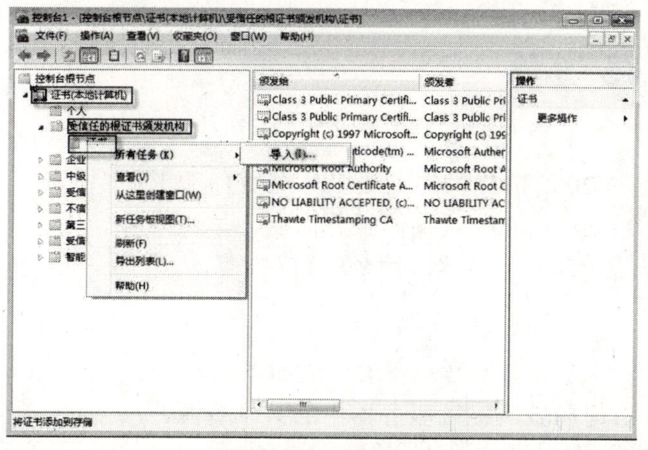

图 8-47 证书导入

步骤 6：在“证书存储”中，选择“将所有的证书放入下列存储”，并确保证书存储下面的对话框为“受信任的根证书颁发机构”，并单击“下一步”按钮完成操作。

步骤 7：对 VPN 拨号连接设置，断开之前的 PPTP VPN 连接，并右键单击并选择“属性”，在弹出的“SSTP VPN”属性对话框中，选定“网络”，如图 8-48 所示，并在“VPN 类型”下拉框中选定“安全套接字隧道协议（SSTP）”，并确定。

再次进行拨号连接，连接成功后，SSTP 已经被使用，打开“网络策略与远程访问”下展开“路由与远程访问”，可以看到端口右侧窗口的 SSTP 端口处于活动状态。

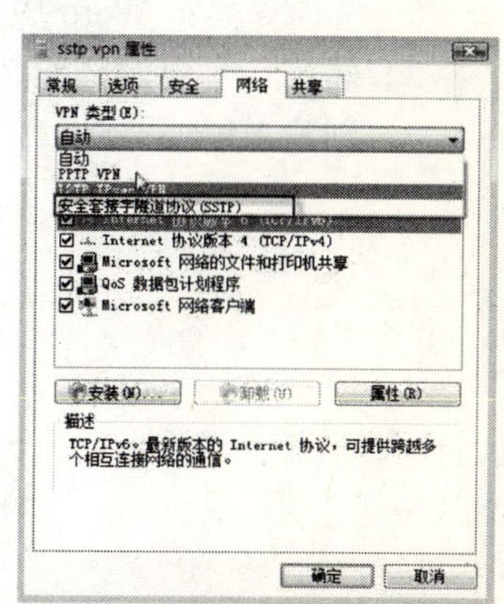

图 8-48 SSTP VPN 属性设置

8.4.4 能力扩展

当通过 VPN 网络连接成功地与局域网中的目标 VPN 服务器建立连接后，可能会发现本地客户端系统不能访问 Internet 网络，出现这种情况，主要原因是 Windows Server 2008 系统在 VPN 网络连接成功后，会自动修改本地系统的默认网关 IP 地址，让其自动使用远程网络的默认网关地址，需要对 Windows Server 2008 系统中的 VPN 网络连接进行如下设置操作：

找到先前创建好的 VPN 网络连接，同时用鼠标右键单击该连接图标，并执行快捷菜单中的“属性”命令，打开目标 VPN 网络连接的属性设置窗口。其次，在该属性设置窗口中单击“网络”选项卡，打开设置页面，选中该设置页面中的“Internet 协议版本 4（TCP/IPv4）”选项，同时单击该选项下面的“属性”按钮，打开 TCP/IPv4 选项的属性设置窗口。点击“高级”按钮，在其后出现的高级属性界面中，单击“IP 设置”标签，取消选中“在远程网络上使用默认网关”复选项，再单击“确定”按钮保存好上述设置操作。

完成上述操作后，Windows Server 2008 系统通过 VPN 网络连接成功地与目标 VPN 服务器建立连接后，仍然能够正常访问本地局域网中的内容。

8.5 拓展强化训练

1．知识复习

1）Windows Server 2008 能提供的高级服务主要有哪些？

2）简述 Windows Server 2008 流媒体服务优点。

3）VPN 的作用是什么，可以解决什么问题？

2．能力训练

1）安装并设置一台终端服务器，要求完成如下操作。

① 以 Web 方式访问局域网终端服务器中的共享资源。

② 设置服务器的终端主机 IP 地址为 192.168.0.3。

③ 将计算器和 Word 应用程序共享给客户端，客户端连接终端使用应用程序。

2）建立一台流媒体服务器，要求可以将一个视频文件源在线发布。

3）创建 VPN 服务，并实现网络主机互连，参数可自定。

附录
VMware 虚拟机软件的使用

1. 虚拟机简介

虚拟机（VM，Virtual Machine）是支持多操作系统并行运行在单个主机上的一种系统，能够提供更加有效的底层硬件使用。在虚拟机中，CPU 芯片从系统划分出一段存储区域，操作系统和应用程序运行在“保护模式”环境下。通过虚拟机，客户可以在一台物理计算机上模拟出一台或多台虚拟的计算机，同时运行多个操作系统。还可以将这几个操作系统连成一个虚拟网络。这些虚拟机完全就像真正的计算机那样进行工作，例如可以安装操作系统、安装应用程序、访问网络资源等。运行虚拟机软件的操作系统叫 Host OS（宿主机操作系统）。在虚拟机里运行的操作系统叫 Guest OS（客户机操作系统）。

目前流行的虚拟机软件有 VMware 和 Virtual PC, VMware 可运行在 Windows（WinNT 以上）和 Linux 操作系统上。Virtual PC 可运行在 Windows（Win98 以上）和 MacOS 上。它们都能在 Windows 系统上虚拟出多个计算机，用于安装 Linux、OS/2、FreeBSD 等其他操作系统。相比而言，VMware 不论是在多操作系统的支持上，还是在执行效率上，都比 Virtual PC 明显高出一筹。

2. VMware 虚拟机

VMware Workstation 是 VMware 公司的专业虚拟机软件，是一个在 Windows 或 Linux 计算机上运行的应用程序，它可以模拟一个基于 x86 的标准 PC 环境。这个环境和真实的计算机一样，都有芯片组、CPU、内存、显卡、声卡、网卡、软驱、硬盘、光驱、串口、并口、USB 控制器、SCSI 控制器等设备，提供这个应用程序的窗口就是虚拟机的显示器。在使用上，这台虚拟机和真正的物理主机没有太大的区别，都需要分区、格式化、安装操作系统、安装应用程序和软件。总之，一切操作都跟在一台真正的计算机上要完成的效果一样。

VMware 软件主要的功能有：

1）不需要分区或重开机就能在同一台计算机上使用两种以上的操作系统。

2）完全隔离不同操作系统的操作环境以及所有安装系统上的应用软件。

3）不同的操作系统之间还能相互连接，包括网络连接、文件分享以及复制功能。

4）有复原功能，系统快照功能可以使虚拟机恢复到前一运行状态。

5）能够设定并修改操作系统的软硬件环境，如：内存、磁盘空间、网卡设备等。

3. VMware Workstation 软件的使用

VMware 虚拟机软件的使用并不复杂，首先，用户应获得该软件，可以通过网络下载该软件，建议下载中文汉化版。例如可从 www.skycn.com 天空软件下载。

（1）安装一个新的虚拟机

VMware 软件的安装并不复杂，同其他应用软件一样，有人性化的向导提示，很容易完成全部安装步骤。其安装向导界面如图 1 所示。

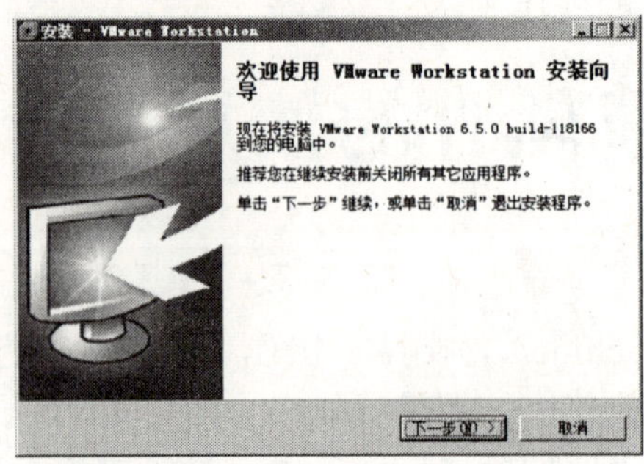

图 1　VMware 虚拟机安装向导

按照提示完成安装后，在桌面点击快捷图标，启动虚拟机软件，出现如图 2 所示的画面。其中在“起始页”窗格里边有 3 项分别代表：新建虚拟机、打开已存在的虚拟机、新建分组。

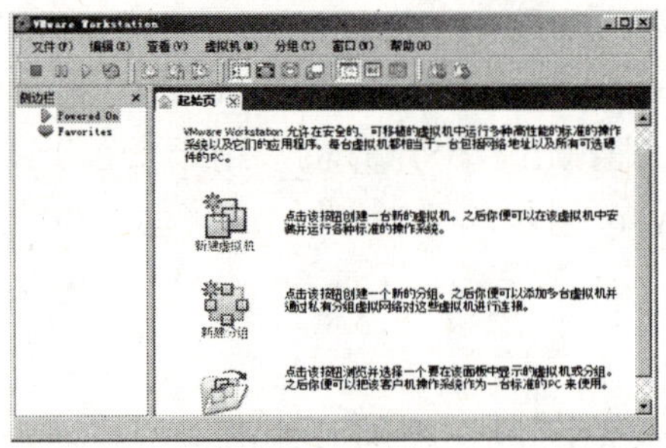

图 2　VMware 虚拟机主窗口

（2）建立一个新的虚拟机

1）启动 VMware Workstation，选择“文件”→“新建”→“虚拟机”，会出现如图 3 所示的新建虚拟机向导。选择标准安装或者是自定义。如果没有特殊要求，选择标准即可。

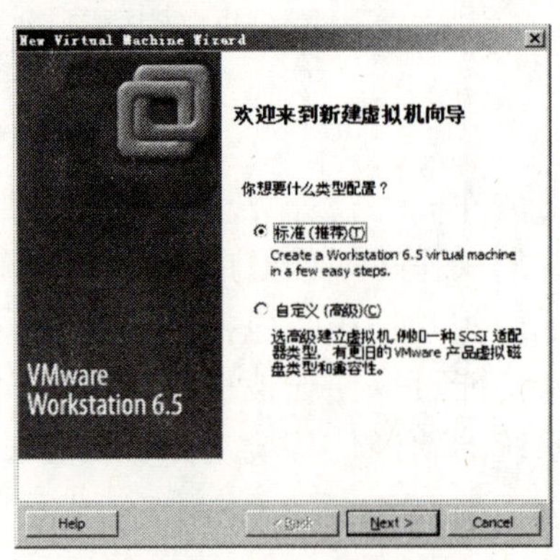

图 3　选择新建类型

2）确定系统安装光盘或 ISO 镜像文件位置，如果在虚拟机上准备采用安装光盘的方式安装操作系统，那么只要把安装光盘插入光驱，在这里选择“安装盘”，如果主机没有提供安装光盘，也没有关系，可以事先将安装光盘镜像成 ISO 文件，用该 ISO 文件模拟光驱。只要确定 ISO 文件的保存位置即可，如图 4 所示。

3）选择在虚拟机上安装的操作系统类型，主要有 Linux、NOVELL 等，直接在“版本”窗口选择具体类型即可，本实例中选择“Windows Server 2008”，如图 5 所示。

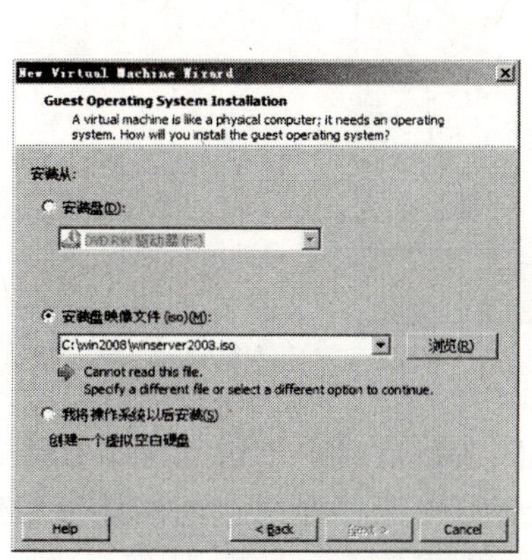

图 4　确定操作系统安装源

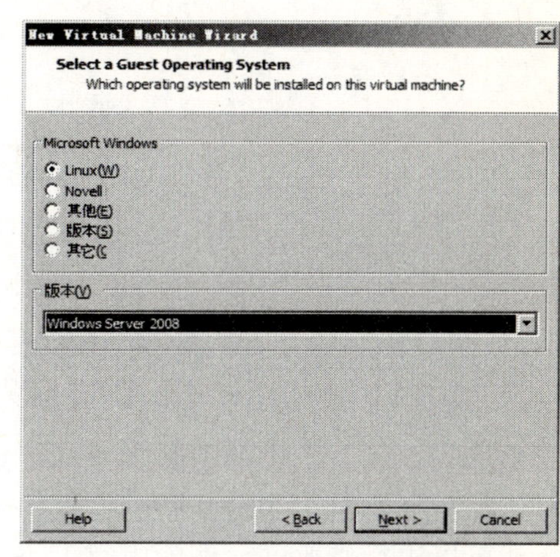

图 5　选择虚拟机安装系统类型

4）给虚拟机起个名字，并指定它的存放位置，虚拟机的名字只是用来区分本机其他虚拟机安装的操作系统，一般只要和系统版本对应即可，所谓存放位置是因为虚拟机建立后，将在硬盘上形成一个特殊的虚拟机文件，该文件的保存位置应该设置在磁盘剩余空间比较大的分区，如图 6 所示。

5）确定虚拟机的磁盘文件大小，一般选择默认大小即可，如图 7 所示。

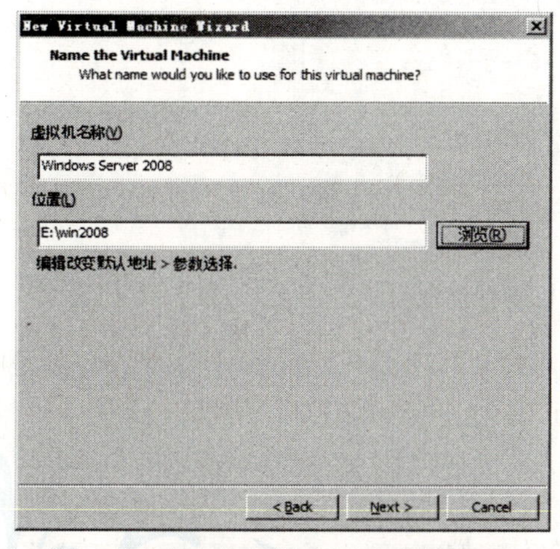

图 6　确定虚拟机的名称和存储位置

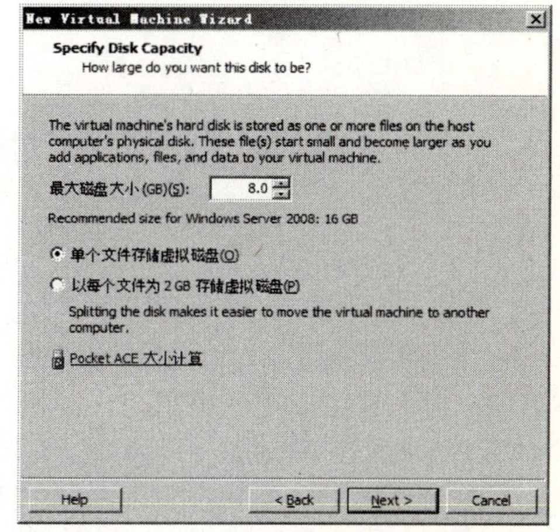

图 7　确定虚拟机磁盘空间

6）安装结束，查看当前配置信息，如图 8 显示了该虚拟机的有关参数，如网络适配器连接方式、内存大小、磁盘空间大小等，用户可以选择修改定制这些参数。例如，图 8 所示的网络连接模式选择的是 NAT，建议改变为桥接方式（BRIGE）。选择使用桥接网络，这样在配置虚拟机的网络时，就会与其他本地计算机的配置方法一样了。

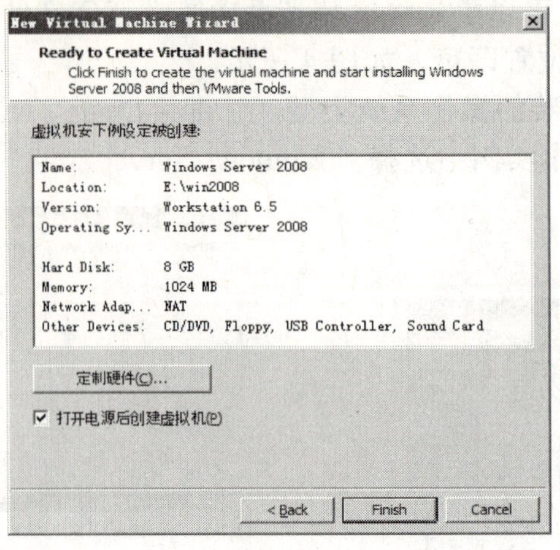

图 8　虚拟机配置信息

如果要修改参数，直接单击图 8 中的“定制硬件”按钮，就可以进入虚拟机硬件参数修改窗口，如图 9 所示。在图 9 所示的窗口中，在左侧窗格选择要修改的硬件参数信息，右侧窗格就可以进行修改，如调整内存大小、网络连接方式等。

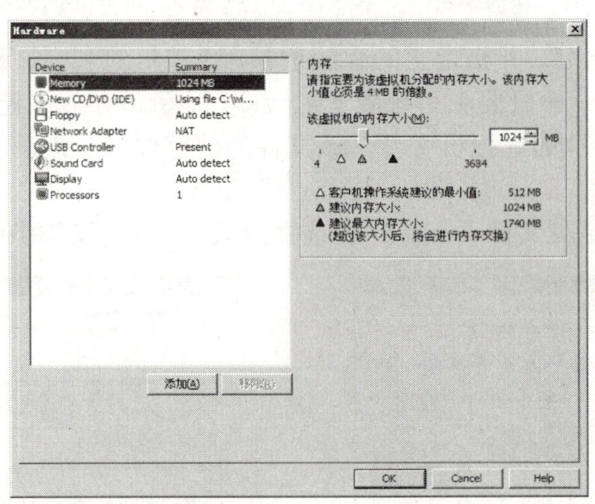

图 9　修改定制虚拟机硬件参数

7）点击“OK”后，一个虚拟机就建立好了，如图 10 所示。点击“开始”按钮或“接通虚拟机电源”就可以启动虚拟机，开始安装 Windows Server 2008。其软件安装步骤同本书第 2 章，在此不再赘述。

（3）打开并启动一个已经存在的虚拟机

虚拟机中的操作系统安装结束后，会产生一个虚拟机文件（VMX），用户可以随时打开该文件，启动虚拟机，如图 11 所示。

一旦宿主机系统崩溃，需要重新安装虚拟机软件，那么只要安装了 VMware 软件，之后完成上述步骤就可以打开一个已经存在的虚拟机。

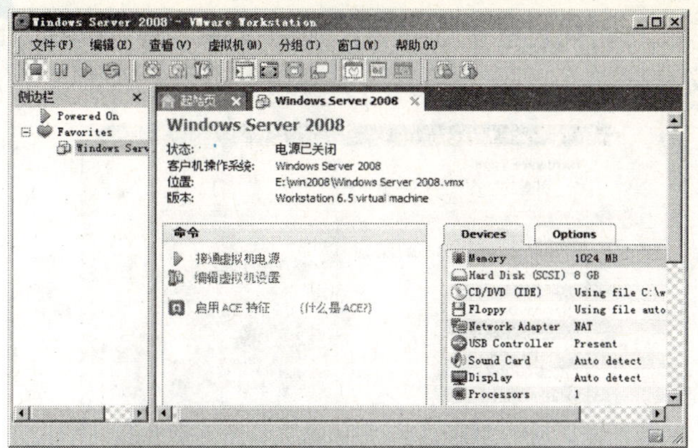

图 10　虚拟机配置结束画面

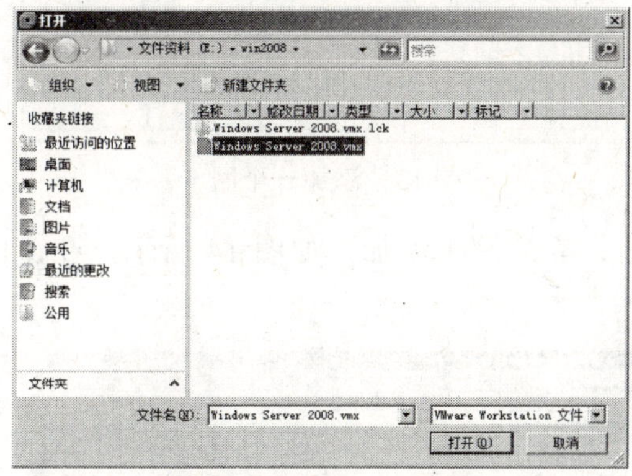

图 11　打开虚拟机文件

（4）VMware 虚拟机其他功能设置

虚拟机还提供一些配置功能，如添加硬盘和网卡。因为一些网络实验需要多块硬盘和网卡才能实现。这里以添加一块网卡为例介绍其添加步骤。

1）点击“编辑虚拟机设置”，在出现的窗口中，选择“添加”，进入“添加硬件向导”，如图 12 所示。

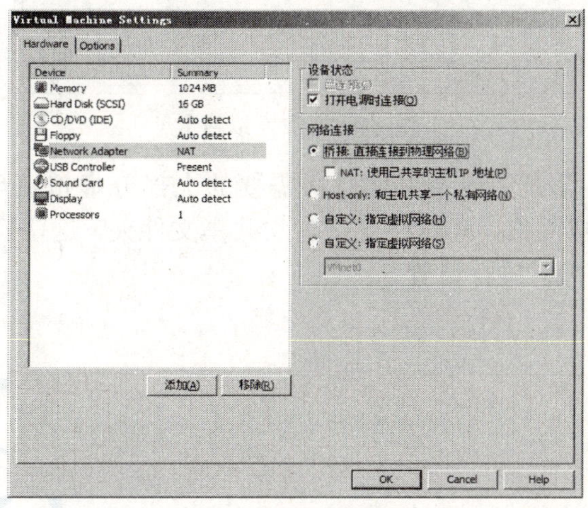

图 12　添加虚拟机硬件向导

2）在图 13 所示的左侧列表框中选择要添加的设备，然后选择“Next”按钮，按照向导进行设置即可完成。

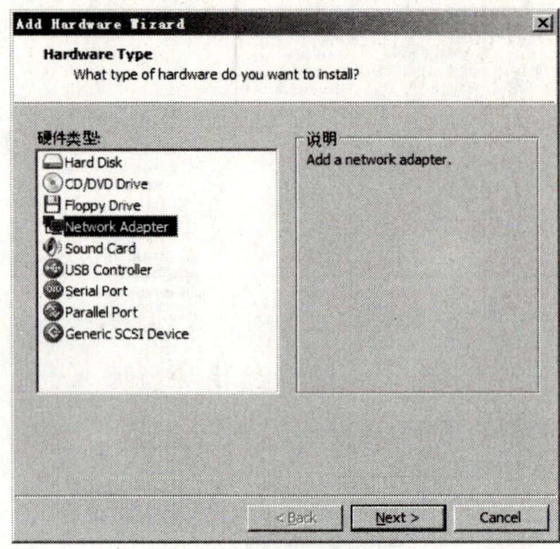

图 13　添加一个网卡

3）点击“Next”按钮，完成网卡添加，如图 14 所示，在窗口中显示已经增加了一个新的网卡设备。

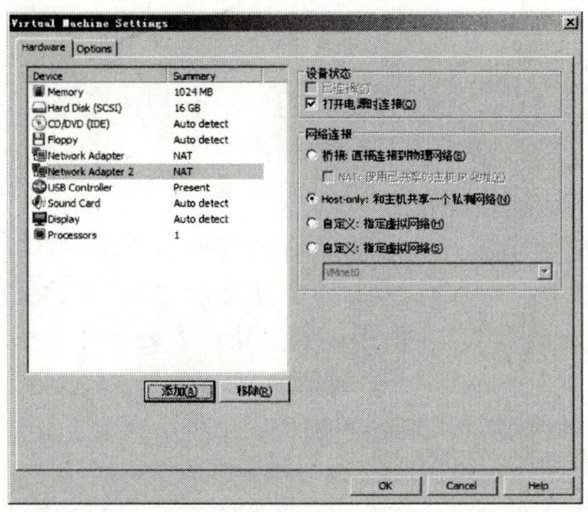

图 14　添加虚拟网卡

以上操作基本可以保证完成本书实验所需要的大部分虚拟机环境参数设置。此外，VMware 还可以创建虚拟网络，同时还支持建立共享文件夹，这些操作的设置也并不复杂，读者可以自己查询相关资料进行设置。